便利
小開本設計
超人氣主管
必備

這些事你沒有教
別指望部屬自己會懂

“結果を出している”上司が、密かにやっていること

幫助你減輕因部屬而累積的壓力，
把「令人搖頭的部屬」變成不可或缺的得力助手！

日本**超人氣**人事諮詢顧問內海正人，毫無保留公開你從沒學過的「培育部屬」祕訣
從交代工作的方式、和部屬相處的方式，到誇獎和責罵的方式，
幫助你激發部屬的潛能，成為到哪裡都受歡迎的主管！

內海正人 著　林冠汾 譯

【前言】

主管要這樣教，部屬才會成長

「請問要怎麼指導部屬比較好？」

這幾年來，很多人會這樣問我。

「真搞不懂最近的年輕人在想什麼……」

如今這句話不只四十多歲的人會說，就連三十多歲、甚至二十五歲以上的人也會發出如此的感嘆。

在過去，日本企業的主管和部屬之間的關係是建立在「濃厚的人情味」之上，這樣的關係就代表了「百分百服從」、「把部屬當成兒女來照顧」、「透過聚餐、喝酒來建立緊密的關係」等等。

然而，隨著時代變遷，這樣的關係也逐漸改變。

・隨著成果主義的盛行和經濟不景氣，必須站上第一線親力親為的「校長兼工友型主管」越來越多。

校長兼工友型主管必須隨時追蹤數字，還要提升自己的業績，根本沒有多餘的時間照顧部屬。有時部屬還可能變成競爭對手，讓主管愁上加愁。

・「不同世代之間的代溝」，也使得主管和部屬難以建立良好關係。

而這個弊端也導致不少企業在約莫十五年前陸續進行「中階主管裁員」。到了現在，五十多歲的資深主管直接帶領二十多歲年輕職員的例子並不罕見。

這些ＩＴ世代的年輕人習慣了寬裕的生活，不論是價值觀或工作方式，都和資深主管大不相同。正因爲對於這樣的代溝問題置之不理，導致公司組織內出現溝通不良的狀況。

・除此之外，還有一個最大的問題是「缺乏培育主管的訓練課程」。

我曾經在某個主管研習會的場合裡，提出這麼一個問題：

「請問大家曾經接受過主管訓練嗎？」

結果，幾乎所有人都回答「沒有」。

擁有主管職銜的人都是「赤手空拳」在指導部屬，大家都是在沒有接受任何訓練，也沒有人可以商量的環境下，與未知的部屬拉鋸。

請大家試著回想一下自身的言行舉止。

當部屬發問時，你是不是曾經這樣破口大罵：「連這麼簡單的事情都不知道！」

能力越好的主管，面對不成才的部屬，越容易不耐煩地惡言相向。然而，部屬被這麼一罵，之後再有不懂的事情時，就會猶豫該不該發問。

相反地，有些主管因爲對部屬不敢有話直說，導致壓力越累積越大。我能夠了解「不想被部屬討厭」的心情，但這麼一來，部屬是不會成長的。有時還是要嚴格地對待部屬。

另外，最近經常看到一種現象，就是主管會「一邊盯著電腦螢幕」，一邊聽部屬報告。各位千萬不要這麼做。

當部屬察覺到主管很忙，自己卻還是得報告事情時，內心會非常過意不去。在這種情況下，如果主管還表現出一副「別打擾我工作」的態度，部屬可能會在內心暗想：「這種感覺真差，下次乾脆不要報告好了。」

有時候，正是這些小細節導致「重要訊息無法傳達到主管耳中」的問題。部屬前來和你交談時，就算正忙著處理文件，也一定要停下手邊的工作，確實轉身面向對方，然後看著對方的眼睛說話。

若是真的很忙，也可以告訴部屬：「抱歉，我現在正在忙。你十分鐘後再過來。」或是「你先等一下，等我手邊的工作忙完後再跟你談。」

重點是必須讓部屬「感受」到自己的意見受到重視。

一間公司如果業績差、內部怨聲載道，在裡頭工作的員工不但不會有朝氣，臉上也不會出現笑容。

曾經有某間公司發生過這樣的狀況——

員工彼此之間起了爭執，然後其中一方丟下工作回家去了。然而，公司卻默許了這樣的行為。因為這是一間小公司，員工一旦離職的話會很傷腦筋，所以公司對待員工總是小心翼翼的。

這個狀況讓該公司專務有了危機意識，而和所有員工展開個別談話。從員工口中，專務聽到了許多意見，包括對公司的不滿、對同事的猜疑或個人煩惱等等。

另一方面，在持續進行個別談話後，員工也開始了解「公司願意聆聽員工意見」，漸漸地，再也沒有員工會擅自行動了。

當員工壓力減輕、內心變得從容後，公司內部的交談也越來越多。而且，業績也開始慢慢成長，最後變成一個充滿笑容的職場。

因爲我從事人事諮詢顧問的工作，所以看過各式各樣的主管與部屬關係。「即使經濟不景氣還是能提升業績的主管」、「確實達成部門目標的部門經理」——這些「表現優異的主管」有一個共通點，那就是他們都「能夠讓部屬的潛能發揮到極限」。

身爲主管的你，如果正被眼前的數字追著跑，想必會覺得花時間在管理上，就好像在繞遠路般浪費時間，但事實絕非如此。如果能夠成功指導部屬，創造一個能力出眾的團隊，一定能夠帶來長期性的穩定，進而展現出成果。

本書整理出七十三種「將令人搖頭的部屬轉爲戰鬥助力」的技巧。

爲了和部屬溝通而煩惱的主管朋友們，希望能夠藉由本書解決大家的問題。

內海正人

Chapter 1
和部屬相處的方式

Chapter 2
交代工作的方式

Chapter 3
誇獎和責罵的方式

Chapter 4
開始和結束工作的方式

Chapter 5
向部屬學習

Chapter 6
部屬會隨著你而改變

Chapter 1

和部屬相處的方式

ACTION 01

和部屬相處的方式

不要理會外部傳言和評價

主管或領導者第一次和部屬接觸時，很容易因爲聽了前任主管的意見，而在實際和部屬面談前就先給部屬貼標籤。

在我還是上班族的時期，也曾經在部門調動的交接之際詢問前任主管：「我未來的部屬是什麼樣的人？」然後透過前任主管的意見來想像該部屬的形象。

然而，實際一起工作後，就會覺得和事實有出入，而有一種「奇怪，怎麼和前任主管形容的不一樣」的感覺。

來到新部門和新部屬相處時，會有相當大的壓力。再加上會在公司內部流傳的淨是一些「負面傳言」，在這樣的情況下，也難怪主管無法專心投入上任後的業務，甚至無法順利交接工作。

所以帶領新部屬時，請「不要理會外部傳言和評價」，並提醒自己不要去聽那些流言蜚語。

就算是評價不高的部屬，很有可能只是和前任主管的關係不好，所以導致「溝通不良」罷了。

與其被這些傳言影響，不如相信「眼見爲憑」。最重要的是要自己去看、去聽部屬怎麼說，再來做判斷。

首先，就從和每一位部屬面談開始做起吧。透過面談，聽聽部屬如何參與工作、對什麼感興趣，以及對未來有什麼期望。請確實掌握部屬的優點，並思考如何將部屬的優點發揮在基層業務上。

這麼一來，部門裡的交流會變得熱絡，也會明顯感受到職場氣氛變得開朗起來。

只要主管改變觀察角度，部屬也會跟著改變。

評價不高的部屬也會變得積極。

ACTION 02

和部屬相處的方式

一視同仁地邀約部屬吃午餐

對部屬產生「喜歡」或「討厭」的情緒是在所難免的。

不過，不能被這樣的情緒所主導，而單方面地認定「那傢伙工作能力差，所以不能把工作交代給他」或「某某人的能力很好，這工作對他來說應該很容易」。

如果主管總是像這樣給部屬貼標籤，部屬也會敏感地察覺到這點。被貼上負面標籤的部屬會產生「委屈」的不滿情緒。

若是你積極地和某個部屬頻繁接觸，或許那名部屬會因爲受到主管肯定而感到滿足，但周遭的人卻會以「受到主管偏愛」的眼光來看他，最後可能會導致團隊失和。

與部屬相處時，請暫時把「喜歡」或「討厭」的情緒擺在一旁，試著以客觀的角度來觀察部屬的工作方式和想法。而且，不管「喜歡」或「討厭」，都要和部屬維持一定的溝通量。

不管是平常閒聊、會議上點名發言，或是午餐、聚餐的邀約，都要盡可能一視同仁地對待所有部屬。一旦部屬感受到「主管隨時在關心我」，就會大幅拉近你和部屬之間的距離。不僅如此，整個部門也會更加團結。

此外，有時我們會自己認定某個部屬難以應付，但實際相處後，會有各種新發現。在商場上，基本上不應該有「喜歡」或「討厭」的想法。我們必須面對各種類型的人。因此，增加和難搞部屬相處的機會，對於提升自身能力也有相當大的幫助。

對一個「表現優異的主管」來說，和部屬之間的相處，也是提升工作能力的機會。

可以與各部屬建立「信賴關係」。

ACTION 03

和部屬相處的方式

不要認定「部屬一定懂你的意思」

明明交代部屬「明天之前把這件事完成」，可到了隔天，部屬交出的東西根本不能拿給客戶看……

相信很多人都有過這樣的經驗吧。

「我還以為這些事他一定會懂……」

「我以爲這種事彼此都有默契……」

從今天開始，請各位把這類的想法全拋開。

在過去，大家會認為「靠默契工作比較好」。

然而，如果現在還是抱持這樣的想法，工作永遠不會有進展！

「默契」並沒有什麼不好，但現在的工作比過去更繁雜，所以要求也更加專業繁瑣。

首先，請向部屬說明工作內容，讓部屬理解自己「要做到什麼程度」，並且一定要設定工作期限。

「難道不說明得這麼細，部屬就不會懂嗎？」

「每件事情都要說明得那麼細，不知道要說到什麼時候……」

各位或許會有這樣的想法吧。

然而，如果部屬在一知半解的情況下展開工作，想必工作品質也不會太好，有時甚至還得重新來過，不但多花時間又浪費成本。與其如此，不如一開始就仔細說明，讓部屬充分理解，才不會白費工夫。

只要明確地訂出工作的目的、內容、注意重點、完成日期等事項，就能夠得到「預期中的結果」。

部屬會確實做好工作。

ACTION

04

和部屬相處的方式

早、中、晚不忘關心

管理部屬的困難之處，在於如何在「適當場所」提供「適當指導」。爲了做到這點，就必須知道什麼時候是「適當時間」。此外，也必須配合部屬的能力來傳授觀念和工作技巧。

爲了做到這幾點，與部屬溝通是不可或缺的。首先，請試著增加和部屬之間的交流。

要和部屬有良好的溝通，就必須要有一定的交流次數。

換句話說，請先增加和部屬的交流次數。

早上進公司時，當然一定要打招呼，趁著工作空檔、休息時間主動交談，以及下班時說一聲「辛苦了」也很重要。

剛開始或許沒辦法很流暢地和部屬交談，就連我們認爲理所當然的打招呼，可能也得不到預期中的回應。這麼一來，就可能無法達到良好的溝通。不過，只要增加交流次數，就能夠解決這些問題。

這正是所謂的「Trial and Errorr」[1]，只要增加次數就能夠越做越好。等到累積一定程度的經驗後，和部屬之間的應對方式也會變得模式化。如此一來，不需要花費太多時間也能和部屬有良好的溝通。

要和部屬溝通的確有一些訣竅，不過最理想的方式是自行摸索，用屬於自己的方式來進行管理。

1 編注：試誤法，由美國心理學家桑代克所提出。在學習的過程中，藉由反覆不斷的嘗試，錯誤動作會逐漸減少，成功動作會逐漸增多，最後找到成功的方法。

部屬會積極地和你商討工作上的事情。

ACTION 05

和部屬相處的方式

拒絕部屬的無理要求

過於放縱部屬「依賴」或「無理」的行為，將會導致管理上的嚴重挫敗。

我第一次帶領部屬時，覺得「在工作之餘還要培育、考核部屬實在很麻煩」。對於部屬，我通常只做義務性的管理。時間一久，我和部屬之間的情感聯繫越來越淡薄，關係也變得疏遠。

我開始覺得「狀況不妙」，並告訴自己要盡力傾聽部屬的想法和要求，但還是失敗了。因為我忽略了「和部屬聯繫感情」和「接受部屬無理要求」之間的差別，導致部屬認為「我是個凡事都說好的主管」，而開始提出無理的要求。

確實傾聽部屬的聲音，並做出回應——這是身為主管理所當然要做到的事，但這和「接受部屬的無理要求」完全不同。

一旦放任部屬「依賴」或「無理」的行為，主管和部屬之間的關係就會顛倒過來。

結果反而變成是部屬在控制主管，導致公司組織無法正常運作。

不管是有意或無意，部屬會誤以爲自己能夠利用主管。然後開始從對自己有利的角度來思考，抓住主管的弱點。這麼一來，其他部屬會發現「某同事得到特別待遇」，進而影響到團隊間的信賴關係。

爲了避免發生這樣的狀況，主管心裡必須有一把尺，確實設立「採納部屬要求的基準」。此外，也必須在「傾聽意見」和「接受無理要求」之間劃分清楚的界線。

部門會變得有紀律。

ACTION 06

和部屬相處的方式

和部屬認真面談

你曾經思考過部屬的未來嗎？

你曾經想像過每個部屬經歷什麼樣的成長過程，未來又會成爲什麼樣的第一線員工或主管嗎？

如果沒有，請試著思考或想像一下。然後，請和部屬坐下來好好談一談。

和部屬交談時，並不是要詢問「你想要做什麼樣的工作」或「未來打算朝什麼方向走」這些表面性的問題，而是要提供一個能夠和部屬認真討論未來的場合。這就是我所謂的「認真面談」。

公司的人事考核面談或許會有時間限制，但這段時間是公司（主管）和員工（部屬）正式溝通的時間。

每半年一次（或一年一次），公司與員工在正式場合裡確認想法、討論未來的方針，這樣的交流時間十分值得大家重視。

而且，主管認眞地和部屬討論未來的方向，也能夠提升部屬的動力。正因爲部屬意想不到主管會主動和自己討論未來的發展，所以，光是這點就足以讓部屬覺得這段面談時光十分寶貴。

身爲主管的你，平常是否確實在觀察部屬的行動——這是面談時的重點。通常只要在一般業務中觀察部屬的日常行動，就能夠掌握大致的狀況。而且，只要刻意地觀察部屬的行動，相信每次都會有新的發現。

在觀察之後，請告訴部屬你的意見，例如「什麼樣的生活方式會更理想」，或是「應該走哪個方向比較好」。

比起員工教育或訓練，認眞面談會來得更有效果。

部屬會開始用長遠的目光來看待工作。

ACTION 07

和部屬相處的方式

偶爾要展現獨斷作風

主管的角色背負著兩個重責大任，一是「實行經營團隊的指令」，二是「管理部屬」。對上察言觀色、對下加以安撫，都是主管工作的一部分。

在這樣的情況下，有時難免會覺得被逼得無路可退，夾在上下之間十分痛苦，甚至想要逃跑。

這時，我建議你要毅然決然地「聽從自己的聲音」。

「我眞正想做的是什麼？」

「對我而言，怎麼做才是最好的？」

或許你一直以來都隱藏自己的意見，但偶爾應該傾聽內心的聲音，並且採取行動。

如此一來，才能夠從不同的角度來觀察現狀，腦中也會浮現新的想法。

在這種時候，表現「決心」很重要。

說出自己的信念或想法，並不是在承擔「風險」！

一開始，經營團隊或許會因爲你的態度改變而感到疑惑，但慢慢地一定會願意聆聽你的意見。

此外，讓部屬看見你積極地發表自己的意見，也能夠感受到主管的決心和氣勢。一旦主管以正面態度毫無保留地直言不諱，而不再老是爲了協調上下而苦惱，也會讓部屬留下有別於過往的印象。

部屬可以從任何人身上學習到策略或技巧，唯獨「決心」，只能夠向「真正的主管」學習。

部屬「對工作所抱持的決心」會變得堅定。

ACTION 08

和部屬相處的方式

要清楚告知「變動原因」

「說的」和「做的」不一樣，並不是一個好主管的表現。

「嘴裡這麼說，做的卻又是另一回事」，會讓部屬的不滿情緒持續累積。如此一來，就會被認定是個不及格的主管。

然而，現在的經濟環境變化劇烈，朝令夕改是很稀鬆平常的事。所以，站在主管的立場來說，就算被抱怨「說的」和「做的」不一樣也是沒辦法的事。

不過，請大家思考一下。

想想自己「是否確實告知部屬變動的原因」。

事實上，正因為沒有把「變動原因」確實告知部屬，才會產生誤解，使得部門內士氣低迷。

如果沒有告知「變動原因」，部屬會因爲無法掌握前因後果而感到不安和混亂。爲了解決這個問題，主管應該確實說明「變動原因」，進而排除部屬不安和混亂的情緒。

一旦讓部屬覺得你這個主管「說的」和「做的」不一樣，那就失去了做主管的資格。

或許你會覺得每次都要告知變動原因很麻煩，但千萬不可以因此而懈怠。而且，有時候你自以爲已經告知原因，但部屬卻沒能確實理解，那就失去了意義。

對主管而言，可能會覺得自己做到了「告知動作」，但部屬有什麼樣的感受才是重點。

事實上，部屬比你所想的更期待你開口。在帶領部屬時，請務必記住這點。

部屬工作時會變得有「安定感」。

ACTION
09
和部屬相處的方式

徹底教導社會新鮮人「基礎」

對於剛進公司的社會新鮮人，要特別注意一點，那就是「社會新鮮人會把第一個職場視爲未來的基準」。換句話說，你的教導方式對社會新鮮人的未來會帶來莫大的影響。

不管你願不願意，都無法改變這樣的事實。所以，「徹底」教導「基礎」就顯得很重要。

這就和小鴨從蛋裡孵化之後，會把第一眼看見的人當作媽媽的狀況有些類似。對於毫無社會經驗、以一張白紙的狀態踏入公司的社會新鮮人來說，被分配到的職場具有特殊意義。就算未來到其他公司服務，還是會拿第一間公司（職場）來做比較。

此外，**社會新鮮人越快學會基礎，培訓為公司戰力的訓練時期就越短**。

而且最重要的一點是——確實教育社會新鮮人，還能提升公司的整體品質。

如果敷衍了事，身爲主管的你也會跟著丟臉。因爲社會新鮮人往往會受到往來對象或客戶的注目，一旦他們在禮儀或觀念上都無法達到社會人士的標準，身爲主管的你也會被人以同樣的目光來看待。

近年來，企業實習的制度已經十分健全，環境設備也很完善，讓新鮮人在學生時期就有機會可以觀察社會。不過說穿了，實習就是「試用期」，企業在潛意識裡還是會把實習生當成「客人」。

不過，換成是新進員工就不同了。由於正式職員會伴隨著成本支出，如果沒有早一刻將社會新鮮人培養成公司戰力，不論對公司或部門來說都會很傷腦筋。

社會新鮮人會即時培養出戰力。

ACTION 10

和部屬相處的方式

針對部屬的工作表現給予回應

只要是人，都「希望得到肯定」。如果沒有人看見，就算做了再了不起的工作，或展現出再怎麼驚人的成果，也都沒有意義。

當部屬展現出工作成果時，理所當然要給予正面評價，除此之外，對於部屬日常的例行工作，也要有所回應。

過去，我剛開始從事現在的工作（人事諮詢顧問）時，雖然身邊有其他人一起工作，但因為我自己就是老闆，所以沒有任何人會給我評價。即使我很努力開發新客戶並談成生意，業績也蒸蒸日上，但就是得不到任何回應……

這時，我回想起自己還是上班族時，課長和經理都像理所當然似的，經常會對我說：「哇，內海，你很努力喔！」

那時我可以明顯感受到「課長和經理確實在觀察我的工作狀況」，而現在，「過去受到溫暖守護」的感受更加深刻。

像這樣對於部屬的行動給予回應、守護部屬的舉動，是主管的重要職責。

部屬負責各式各樣的工作，從例行公事到雜務，內容包羅萬象。而部屬也很努力地以自己的方式在工作。

不論擔任什麼職務或負責什麼工作，部屬都是懷抱一顆忠誠的心在行動，所以對於他們的表現，主管不能加以忽視。

除此之外，表現出「隨時在關心部屬」的態度也很重要。

ACTION 11

和部屬相處的方式

不知道如何下達指示時請拿出紙筆

現在社會變遷的速度越來越快。也因此，下達指示讓部屬知道「優先順序」就顯得很重要。

或許有人會說：「上級給的指示太抽象，我不知道該怎麼傳達給部屬才好。」然而，主管的工作本來就是要將上級的指示具體化。然後給予部屬具體的指示，進而達成任務。

當你不知道該如何下達指示時，不妨就回到「基礎」吧。

不論狀況如何改變，工作的基礎永遠不會變。大家可以試著拿出紙筆，把腦中浮現的事情寫出來。

或許一開始會寫些不著邊際的事，但只要持續這麼做，就能夠整理出「應做事項」。

拿出紙筆寫下來，就等於是用手來整理出內心的想法。

而且，正因為你讓想法回歸到「工作的基礎」，自然能夠整理出自己的應做事項，以及部屬的應做事項。

接下來，就可以用這張自我分類的筆記作爲依據，開始安排工作。一旦有過這樣的經驗，下次遇到同樣的煩惱時就可以比照辦理。

只要這麼做，就能夠快速解決以前想破頭也想不出答案的問題，也可以向部屬傳達準確的指示。

下達準確的指示之後，部屬們就會開始朝著具體的目標行動。

這麼做不僅是在指示部屬，同時也爲整體工作做了統整。

透過準確的指示，可以提升部屬的工作效率。

ACTION 12

和部屬相處的方式

想像「部屬照你的意思採取行動」

部屬平常的言行舉止是否讓你很煩惱呢？

「部屬說出來的答案總是和我心裡想的完全不一樣」、「出自好意所說的話反而讓部屬越聽越糊塗」……

相信大家都有過一、兩次這樣的經驗。或許還因此導致部屬在背後抱怨「當什麼主管，根本搞不清楚狀況」，或是「實在很難在這種人底下工作」。即使覺得「部屬根本不了解我的想法，只顧著說自己想說的話」，可因爲身爲主管，也很難向同事或上級抱怨部屬。

遇到這種狀況時，請想像一下「部屬照你的意思來行動的模樣」。

透過想像，能夠清楚看見自己期望部屬做到什麼。

對於總是意見很多的部屬，可以想像他「二話不說、乾脆俐落地開始工作的模樣」。

對於不夠沉穩的部屬，可以想像他「先停下來做好業務評估，再採取行動的模樣」。

像這樣一邊在腦中浮現部屬的臉，一邊做具體的想像。這麼一來，就能夠客觀掌握部屬的特性。

除此之外，透過想像部屬會怎麼做，還能夠促使部屬採取行動。而且，給部屬的「具體指示」也會自然而然地浮現。

透過鉅細靡遺的想像，也能夠看清楚指導部屬的重點。接下來，只需要化為語言傳達出去即可。

部屬會採取最適當的方式來工作。

ACTION 13

和部屬相處的方式

關心每個部屬

若是在部屬人數不多的情況下，主管還能夠注意到每個部屬，並給予詳細的指令。然而，如果因爲升遷或轉調到其他較大的部門，底下帶領的部屬人數變多時，就無法進行一對一的談話，也沒辦法再像人數少時一樣地與部屬相處。

這時，主管很容易陷入一種「試圖統一管理部屬」的迷思。主管會開始單方面地說明要交付的工作，並命令部屬：「總之你就照我的話去做！」這麼一來，部屬會覺得「過去願意聽我們說話的課長，升上經理後就像變了個人一樣，越來越專制」，然後開始反抗，部屬的心也會越離越遠。

以經理的立場來說，部屬人數比課長時期增加許多，責任也變得更大，所以會覺得「這也是沒辦法的事」。不過，部屬也會以自己的標準來做判斷。身爲主管的人，如果無法理解這一點，之後在管理上會變得很辛苦。

此外，有些人就算帶領的部屬不多，仍會抱持著一種「不管怎樣都要聽我這個主管的話」的心態。像這樣的強勢態度，肯定會引起部屬的反感。

仔細觀察每個部屬，並發現部屬的變化是很重要的。

只要平常觀察部屬的服裝、態度和工作狀況，就能從中看出變化，並適時地給予建議。

與其大聲發號施令，倒不如自然地傳達出「我很仔細在觀察你」的訊息，這樣更能提升部屬的動力。

反之，只要部屬覺得「我只不過是眾人當中的一人」，就會開始想要偷懶。

ACTION 14

和部屬相處的方式

不要只是單純分享成功經驗談

有些主管會分享「自己的成功經驗談」，目的在於讓部屬知道如何才能夠順利完成工作。

然而，有一點要特別注意。那就是「不要強迫部屬接受你的成功經驗談」。

如果沒有意識到這點，你的成功經驗談就會變成純粹是在自誇。這樣就不是爲了部屬而分享經驗談，而只是一種自我滿足。

為了避免這樣的狀況發生，必須徹底分析自己的成功案例。

也就是說，要以客觀角度來解析之所以成功的前因後果。

一旦了解成功的原因，就能夠清楚看出什麼樣的行動會帶領人通往成功之路，也會知道要採取什麼行動來拉近與成功之間的距離。當這樣的行動成爲每個部屬的通用法則之後，整個部門就會離成功越來越近。

因此，在還沒有達到成功分析的階段，即使分享再多成功經驗也沒有意義。只有先將成功經驗轉換爲任何人都做得到的具體行動，歸納出成功法則，才不會淪爲單純的自誇。

而在分析了成功案例之後，由於每種狀況都有不同的問題點，有時並無法直接套用。不過，其實通往成功的步驟和觀點是具有共通性的，還是可以運用於其他案例上。

久而久之，部屬會開始理解主管的想法和行動，公司組織也會變得越來越穩固。

只要懂得指導部屬這一點，就能夠朝「理想主管」邁進一大步。

公司組織會真正地變得穩固。

CHAPTER 1
「和部屬相處的方式」重點整理

Action 01	不要理會外部傳言和評價	只要這麼做	評價不高的部屬也會變得積極
Action 02	一視同仁地邀約部屬吃午餐	只要這麼做	可以與各部屬建立「信賴關係」
Action 03	不要認定「部屬一定懂你的意思」	只要這麼做	部屬會確實做好工作
Action 04	早、中、晚不忘關心	只要這麼做	部屬會積極地和你商討工作上的事情
Action 05	拒絕部屬的無理要求	只要這麼做	部門會變得有紀律
Action 06	和部屬認真面談	只要這麼做	部屬會開始用長遠的目光來看待工作
Action 07	偶爾要展現獨斷作風	只要這麼做	部屬「對工作所抱持的決心」會變得堅定
Action 08	要清楚告知「變動原因」	只要這麼做	部屬工作時會變得有「安定感」
Action 09	徹底教導社會新鮮人「基礎」	只要這麼做	社會新鮮人會即時培養出戰力
Action 10	針對部屬的工作表現給予回應	只要這麼做	部屬會主動前來報告工作進度
Action 11	不知道如何下達指示時請拿出紙筆	只要這麼做	透過準確的指示，可以提升部屬的工作效率
Action 12	想像「部屬照你的意思採取行動」	只要這麼做	部屬會採取最適當的方式來工作
Action 13	關心每個部屬	只要這麼做	部屬會心甘情願地接受你安排的工作
Action 14	不要只是單純分享成功經驗談	只要這麼做	公司組織會真正地變得穩固

Chapter 2

交代工作的方式

ACTION 01

交代工作的方式

白紙黑字寫出作業流程

交代工作時，必須訂好規則，好讓工作的責任範圍明確化。

一旦工作交代得模糊不清，就會造成工作範圍重疊或有所疏漏，而導致損失。

此外，**要把工作交代出去，就要具備「重現性」**。**不管是由誰負責，交代出去的工作都要能得到同樣的結果。而為了做到「重現性」，就必須讓工作「架構化」**。

首先，要詳細列出交代給部屬的工作內容，再確實整理出「作業流程」，並寫在紙上。

一開始或許會覺得很辛苦，但爲了安心把工作交代給部屬，這個流程絕對有其必要性。

這裡分享一間食品加工公司的案例。一直以來，這間公司都是由一位資深員工憑感覺來調味，並執行加工製程。但是，這位可靠的資深員工因爲家庭因素而突然離職了。

這時，部門經理急急忙忙地接下工作，但過程卻一直很不順利。於是，經理把重點放在流程上，從依照順序寫出「作業流程」開始——把具體的動作寫出來，不僅有助於理解，自然也能掌握到流程。整理出流程後，不論是什麼人來負責，都能夠達到相同的品質。

交代工作的重點，就在於維持工作標準化和生產平準化。

部屬的工作會變得標準化，並達到一定的成果。

ACTION 02

交代工作的方式

製作目標設定表

在設定目標之前，請先製作兩種表格，一是「組織（公司）整體目標設定表」，一是「部門目標設定表」。活用這兩種目標設定表，來達成組織整體的目標和部門的目標。

有句話說「見樹不見林」，爲了避免像這樣只看到局部、看不見整體樣貌的狀況發生，必須設定目標來確立整體組織的方向性。

而且，把最大的目標張貼在部門內會帶來不錯的效果。

「每次都要張貼目標也太麻煩了吧……」如果你是抱持著這種心態的人，想必未來也不會有太大的發展。

有時候人會自以爲已經理解，但其實只是「自以爲」而已。

我看過很多企業會在公司內部張貼「目標」，這麼做的目的是爲了讓「目標」烙印在日常生活之中。

在視線範圍內常出現的文字，會在不知不覺中銘刻在腦海裡。

而且，把公司、部門、小組的目標輸入電腦，讓自己隨時能夠確認目標也很有效果。除此之外，也可以更進一步在部門內分享這些目標。

有些銷售公司（不動產、保險或汽車銷售業等等）會在辦公室張貼出下個月的業績目標。目的是藉由共享個人或部門目標的這個動作，讓所有人團結一致。此外，最近有些公司也會在所有員工的電腦螢幕上顯示目標。

要達成目標，「隨時用眼睛確認」、「隨時意識到目標」是很重要的。

目標會烙印在部屬的意識裡。

ACTION 03

交代工作的方式

讓部屬知道工作的全貌

「把這項工作做好」、「把這份文件的重點整理出來」——你是不是像這樣只會給部屬具體的指示呢？

以下達準確指示的角度來說，這麼做並沒有什麼問題，但要注意避免讓部屬養成習慣，認為「只要照指示做事就好」。

當出乎預料的狀況發生時，最大的問題就在於「如何採取因應措施」。一旦發生緊急狀況，只知道照指示做事的部屬會不知道如何應對。除非平常就訓練部屬自己思考，否則一遇上突發狀況，根本就無法自己思考或行動。

然而，即使主管要求部屬「依工作內容來思考要如何採取行動」，部屬還是會搞不懂到底要怎麼做。而面對突發性的失誤或出乎預料的狀況時，也就很難採取因應措施。

因此，**以抽象的話語要求部屬「自己思考」，根本沒有任何意義**。那麼，要怎麼做才能夠讓部屬擁有自己的想法呢？

首先，必須讓部屬掌握工作的全貌。

大部分的公司會採取作業分工，因此基層人員往往不知道「自己負責的業務在整個工作當中的定位」。

在掌握到工作全貌的狀況下展開作業的部屬，和在一無所知的狀況下展開業務的部屬，兩者之間的工作幹勁會有很大的差異。

在了解工作全貌的狀況下，才能掌握前後流程。如此一來，部屬會開始懂得思考「如果換成是我會怎麼做」，也會「試著想像失誤發生的原因」。

透過對工作全貌的掌握，不僅能夠了解工作的意義，也能夠做出各種預測或提出好的想法。

部屬會懂得如何應付突發性失誤。

ACTION 04

交代工作的方式

讓部屬一起參加重要會議

將工作技巧傳授給部屬很重要，但如果只是單純地告知工作流程，部屬永遠無法獨立工作。首先，身爲主管的你必須「示範」給部屬看。

有些主管會覺得只要告知工作流程，並要求部屬照指示行動就好，但這是錯誤的做法。藉由主管的親身示範，才能讓部屬有更多的體會。

因此，請盡可能讓部屬一起參加重要的洽商場合或會議。

這麼做能夠讓部屬自己去感受一些與流程或技巧無關的知識，像是參與工作的方式、處理工作時的節奏、簡報方式等等。

除此之外，也希望大家成爲一個部屬眼中的「偶像主管」、「帥氣主管」。

部屬會模仿主管並成長。

「把自己認爲很費時的工作硬塞給部屬去做。」

「因爲覺得很麻煩，所以差遣部屬去做。」

一旦做出這種事情，很快就會引來部屬對主管的厭惡感。

這裡要再次強調，對部屬來說，「偶像主管願意把工作交給我」是一件值得高興的事。爲了讓部屬看見你的美好或帥氣表現，請先從親身示範開始做起。

不論主管的舉止或想法是好是壞，部屬都會加以模仿。身爲主管的你，如果沒有先示範給部屬看，就別期望部屬會有所成長。

教育部屬的第一步，就是讓部屬在近處觀察你的行動。請大家牢記這一點。這和小嬰兒會模仿父母親的道理是一樣的。

ACTION 05

交代工作的方式

把公司方針轉換成簡單明瞭的言詞

公司的經營方針，尤其是大型企業的「董事長致辭」，往往都非常抽象。如果內容有提及營業額或目標數字，那倒還好，但通常不會有具體的指示，所以底下的員工很難理解要如何改善自己的工作狀況。

我在上班族時期，就覺得董事長致辭時，「如果沒有發揮想像力，根本就聽不懂」。這種情況不只有發生在我當時任職的公司，其實多數企業都是如此。

如今，我常以人事諮詢顧問的身分參加客戶的晨間例會或其他會議。在這些場合裡，董事長致辭自然很重要，而我總是一邊聆聽，一邊想像員工會如何解讀。

身為主管，如果只是把董事長的話照本宣科地對部屬說一遍，其實沒有任何意義。

主管必須把自己部門的狀況，和董事長提出的經營方針加以比對調整，然後再向部屬發出「具體指示」。

主管的重要工作之一，就是「將經營階層的方針具體化，再傳達給員工知道」。主管一定要認知到一點，部屬只會表面性地解讀董事長的發言。多數部屬在聆聽時的心態都是「好無聊喔」、「怎麼不快點結束」。或許突然要求主管「發出具體指示」會有些困難，但只要掌握公司的方針和目標方向，自然能夠找出答案。

然後，再將之轉換成簡單明瞭的話語，傳達給部屬知道，這時部屬才會真正開始行動。當你在傳達的時候，請務必記住一點——你的任務就是擔任董事長和部屬之間的橋梁。

部屬會遵循公司的經營方針展開行動。

ACTION
06
交代工作的方式
徹底活用電子郵件的副本功能

我常聽到主管們發出這樣的感嘆——「部屬都不會主動報告」、「總是擅自進行工作」、「我只知道最後的結果」。

「就算厲聲指責，過一段時間還是會發生一樣的狀況……」「請問有沒有什麼好方法？」很多人會像這樣向我尋求解決的方法。

然而，當我進一步了解狀況後，往往會發現主管自己也沒有告知部屬關於工作的進度狀況。也就是說，主管沒有做到的事情，部屬也不會做到。

如果主管忽略了對部屬的傳達動作，而只會要求部屬「報・連・相」，就會讓部屬產生「這點小事應該不需要報告吧……」的心態。

對於部屬，請密切告知工作的進度狀況。

首先，請徹底活用電子郵件的副本功能。就算是不需要直接向部屬說明的事項，也要讓部屬知道「目前工作的進度狀況」。而且，針對重要事項，請務必打電話做確認。

藉由共享資訊的動作，部屬會知道自己工作的定位，以及自己參與的是哪一個階段的工作。讓部屬認知到這點很重要。請記得每次都要確實告知。

一旦了解自己的工作所代表的意義，部屬自然會主動向你報告進度狀況。不知不覺中，主管和部屬之間的交流會增加，就算是細節，部屬也會願意向主管報告、聯絡或商量。

1 譯注：日文「報告、聯絡、相談」的簡稱，意思為報告、聯絡、商量。

部屬會開始報告詳細資訊。

ACTION 07

交代工作的方式

訓練部屬思考「喜歡」或「討厭」

很多主管或領導者會說：「有判斷能力的部屬很少……」

也經常有人會問我：「請問要如何培養判斷能力？」

的確，判斷能力並非一朝一夕就能夠養成。

我們現在來思考一下，要怎麼做才能夠讓部屬擁有判斷能力呢？

所謂的判斷能力，是指「以自我基準來做判斷的能力」。也就是說，如果沒有自我基準，就無法培養出判斷能力。

那麼，要如何讓部屬擁有自我基準呢？

這就必須靠平常的訓練了。

具體來說，就是指導部屬不要以「常理」，而要以「智慧」來思考事情：

・針對某個事物或發生的事件，思考「喜歡或討厭」。

・針對主管或同事的判斷，習慣性地思考「換成是我會怎麼做」。

這樣的訓練非常有效，不但能夠培養出判斷能力，也能夠學會「表達能力」。

訓練部屬思考「喜歡或討厭」的同時，別忘了要求他們要有邏輯地思考為什麼喜歡或討厭。

「喜歡或討厭」純粹是出於個人的「情感」，所以為了證明喜歡或討厭，必須先解讀自己的情感變化。

在證明的過程中，會培養出以客觀角度來觀察事物的能力。接下來就是培養「判斷能力」，而這就要仰賴各種經驗的累積了。

一個人如果懂得隨時思考自我基準，並加以實踐的話，只要每累積一次經驗，「判斷能力」就會隨之加速提升。

部屬的「判斷能力」會加速提升。

ACTION 08

交代工作的方式

細分工作

身爲主管的你，是否自己攬下很多工作而疲於奔命呢？

這麼做是無法讓部屬成長的。主管的職責應該是要確實調配工作，並分配給部屬。

然而，儘管很多人知道要這麼做，卻似乎總是做不到。

事實上，我有很多客戶都會有「不放心交給部屬去做」、「自己做比較快」、「與其事後還要檢查，不如一開始就自己做」之類的想法。

可長久下來，**不但部屬的能力無法提升，還可能導致部屬什麼都不做。最後變成主管忙得團團轉，部屬卻只是在裝忙的情形。**

某公司有位經理負責掌管新部門。雖然如今這位經理底下已經有多名員工，但部門剛設立時，他必須一人包辦所有的事情。然而，這位經理在一人打拚時便開始思考如何劃分工作。

在跑業務時，他會站在「我是業務員」的角度，彙整收據時則變成「我現在是會計」，思考企畫時就變成「企畫負責人」，讓各項職責明確化，並隨時提醒自己不要忘記這點。所以，當他開始指導多位部屬時，很自然地就知道該讓部屬負責哪一部分的工作，而部屬也很順利地推展業務。

在展開業務之前，請先明確地劃分工作，並有計畫性地分配工作。一開始就讓部屬清楚認知到自己負責的部分，就能讓部屬產生責任感。

部屬對工作會變得有責任感。

ACTION

09

交代工作的方式

把部分工作放手給部屬處理

「可以把工作都放手給部屬處理」——如果你有這樣的想法，那就大錯特錯了。

或許大家都希望能擁有什麼工作都難不倒的人才。然而，就算眞有這樣的人才，恐怕也會選擇自行創業。說不定還會成爲你強勁的競爭對手。

那麼，如果要交代工作給「不夠優秀的部屬」時，應該怎麼做才好呢？

這時，你應該讓自己有幾個「左右手」。

也就是說，你可以將工作細分成多個範圍，然後針對各個工作範圍來決定由誰負責。

舉例來說，「日常工作的業績管理和出勤管理，由A員工負責」，或「下一個專案交給B員工來決定策略」等等。

將工作細分之後，由部屬代替你處理某個部分的工作。同時，也要讓部屬負起該工作的責任。請注意，在要求部屬負起責任的同時，也要賦予同等的權限。

如果責任和權限之間沒有取得平衡，部屬很有可能會因為責任過大而被壓垮，或是因此而濫用權限。這部分必須審慎評估後，再把工作放手給部屬處理。

當部屬確實感受到「自己能夠全權負責」後，會開始用自己的方法來進行工作。在這樣的狀況下，過去那種「被人吩咐工作的感覺」，會慢慢變成「以自我判斷來進行工作的充實感」。如此一來，不僅部屬會有所成長，工作效率也會隨之加快，品質也會逐漸提升。

如此將會成為公司的一大資產。一旦組織裡處處可見這種人才成長的情形，不僅員工個人，公司組織也會有大幅度的發展。

部屬不會有「被人吩咐工作的感覺」。

ACTION 10

交代工作的方式

將整體目標具體化為「每日執行事項」

在我的客戶當中，有一間公司的員工人數急遽成長。我和這間公司往來已經超過了五年，最初除了董事長之外，不過是間只有七名員工的小公司。然而，後來這間公司的業績開始大幅成長，員工人數也在三年間迅速增加了五倍。

在這段期間，董事長曾感嘆地說：

「以前只要每個月提醒員工一次目標營業額，現在卻要每天不斷地反覆提醒。我都已經說得夠明白了，還是有人完全沒聽進去。眞是傷腦筋啊……」

員工人數越是增加，就越難讓所有人朝同一個方向前進。

想要將公司整體的方向灌輸到員工的腦海裡，是一件非常費工夫的事。

然而，**若是不知道公司整體的方向，遇到緊急狀況或環境劇烈變化時，任何員工都無法應付自如**。只有掌握公司整體的方向，員工才會知道自己該怎麼做。

首先，要把公司組織的方向性轉換成以部門爲單位的方向性，再把方向性寫成簡單易懂的目標條列出來。意思就是要將目標從整體的大範圍，縮小到部門的小範圍，調整成符合團隊的目標。

如果是基層的目標，則必須具體化到「實際作業」的程度，否則一旦發生任何變化，就會引發混亂而無法正常作業。

交代工作給部屬時，請先告知長期、中期計畫的目標方向。接下來再依部門設定具體目標、擬訂工作計畫，讓基層的作業達到標準化。

可排除基層作業和公司整體目標的落差。

ACTION 11

交代工作的方式

藉由每週例會確認成效

交代工作給部屬時，不要只說一句：「這個交給你去做！」就把整個工作丟給部屬。身爲主管，還是必須確認進度狀況，並關心部屬是否遇到問題而遲遲沒有進展。

如果丟出工作之後就不聞不問，只是一味地追問結果，會讓部屬陷入極度的不安，而容易做出錯誤的選擇。最後得到的結果可能與你要求的方向截然不同。

不過，若主管老是喜歡插手詢問「現在狀況如何」、「有沒有什麼問題」，部屬也會覺得很煩。

類似這樣的狀況，不妨設定固定的時間來確認成效。

可以在每週例行的會議上做確認，也可以利用晨間會議的時間。

在這些場合裡確認進度狀況，並列出問題點。如果進度落後，就告訴部屬如何排除落後原因和解決方法；如果發現問題點，就提供部屬解決的方法，或是將之視爲主管的課題帶回家研究。

在確認的過程中，如果發現進度落後，或工作出現問題而無法有所進展時，一定要避免情緒化地發脾氣。

在找到問題的成因之前，若是率性而爲地表現出情緒，譴責部屬：「爲什麼這點小事都做不好?!」只會讓部屬更加惶惑，甚至心生恐懼。

主管的工作並不是威脅部屬，或是讓部屬變得畏縮。請記得一點，這麼做只會讓結果更加偏離原本的目的。

如果是部屬偷懶而導致進度落後，那自然是工作之外的問題，但如果確實執行工作卻仍是停滯不前的話，相信部屬自己也很想解決問題。

部屬不會再獨自抱著問題苦惱。

ACTION 12

交代工作的方式

抓準部屬的成長時機

部屬每一天都會在工作之中成長，即使每天負責相同的工作，也可以吸收到各種知識。年紀越輕的部屬，吸收速度越快，尤其是個性坦率的人，更會有飛快的成長。

過去，曾有一名踏入職場第三年的員工，因爲人事調動而被分派到我的部門。

這名員工爲人親切和善，對於不是自己負責的工作也很感興趣，所以經常會向主管發問。像這種就是屬於隨時拉長天線接收資訊的人，可以明顯感受到他的態度積極，樂於追求吸引其注意力的事物。話雖這麼說，可工作畢竟是工作，在日常的例行事務中不可能發生太特別的事件。

直到有一天，發生了一個特殊狀況。當時這名員工的工作是負責法人融資，而往來的一位客戶公司倒閉了。

因爲他沒有處理這類業務的相關經驗，所以主管立刻出面支援。然而，他的表現很鎮定，對於債權回收、保全擔保等相關知識也有粗略的了解。這應該是他從日常感興趣的事物中所吸收到的知識。

後來，這個事件順利地解決了。主管也在那之後讓他負責「債權回收初期的業務」，因爲主管認爲這會是他的「成長良機」。

開始負責新業務後，他和負責融資業務時一樣，對各式各樣的事物極感興趣，最後漸漸地成長爲公司的強大戰力。

抓準部屬「拓展工作範圍的時機」，對主管來說很重要。

在適當的時機安排適當的工作，將會讓部屬加速成長。

部屬會更上一層樓。

ACTION 13

交代工作的方式

別說「你先試試看再說」

到了春天，公司會有很多新進員工[1]。新進員工會被分配到基層工作，接受各式各樣的新進員工訓練活動。然而，等到職場訓練展開一陣子後，一定會有一些新進員工想要離職。

相信各位在公司一定也遇過到職才三個月就離職的員工。

下面就是個實際發生過的案例。

有位前輩負責指導新進員工的基層工作。這間公司的做法是先告知新進員工具體方法和觀念，並反覆訓練，直到新進員工學會為止。這時，新進員工提出一個問題：

「爲什麼要執行這項作業呢？目的是什麼？」

前輩聽了之後，情緒化地命令道：「不要囉唆那麼多，你先試試看再說。」結果，新進員工隔天便遞出了辭呈。

「現在的新人只要心裡無法認同就不會行動」——如果沒有認知到這一點，就會發生上述的慘痛例子。

在我們那個年代，總是被教導「總之先做做看再說」、「靠身體感覺去學會工作」。然而，如今這個世代的年輕人可不會因為這樣就行動。必須先讓他們產生認同，才會進一步行動。

訓練新進員工時，讓他們有「認同感」很重要。若是忽略了這一點，就會發生上述的例子。

如果沒頭沒腦地就強迫新進員工執行作業，是無法讓他們理解的。他們甚至還可能語帶嘲諷地說：「這個人在說什麼啊？」

1 譯注：日本的學制為四月開學，春天正值畢業季，所以會有很多社會新鮮人。

新進員工會抱持著「認同感」工作。

ACTION 14

交代工作的方式

以「有趣的話題」做比喻

我認識一位說話技巧非常好的課長。

「爲什麼和這位課長說話總是會深受吸引呢？」我思考著這個問題。這位課長非常喜歡釣魚，而且他會用釣魚來比喻工作上的事情。

「如果一見面就說工作上的事情，那眞是愚蠢到了極點。要先聊一些對方感興趣的事或周遭發生的事，然後再拉到銷售話題上。」

「沒錯，收魚線之前要先充分撒魚餌，等到魚兒上鉤後才可以用力拉起來。和釣魚的道理一樣呢！」

和這位課長交談時，如果我說出專業用語，這位課長會將我的話轉換成自己能理解的方式來表達，然後跟我確認：「你剛剛的說明是這樣的意思吧？」

也就是說，為了避免交談內容過於抽象，要舉出更具體的例子來巧妙地表達意思。

這位課長還曾經以釣魚做比喻，來表現他順利談成業務時的喜悅：

「簽約成功時的那種爽快感，就和拉起魚竿時的感覺一樣！不死心地拉鋸一陣後，就會看見緊緊咬仹魚鉤的魚兒出現在眼前！這時成就感會整個湧上來！」

這樣生動的比喻，讓聽的人也能夠體會說話者當時的心情起伏和感動。

這位課長透過巧妙的比喻，把抽象複雜的心情變化呈現在聽的人眼前，讓人覺得很有趣而忘了時間。一個能力好的領導者也同樣會傳達出「感動」，虜獲部屬的心。這位課長的部屬和老客戶可是都很崇拜他呢。

部屬會開始崇拜你。

CHAPTER 2
「交代工作的方式」重點整理

Action 01	白紙黑字寫出作業流程	只要這麼做	部屬的工作會變得標準化，並達到一定的成果
Action 02	製作目標設定表	只要這麼做	目標會烙印在部屬的意識裡
Action 03	讓部屬知道工作的全貌	只要這麼做	部屬會懂得如何應付突發性失誤
Action 04	讓部屬一起參加重要會議	只要這麼做	部屬會模仿主管並成長
Action 05	把公司方針轉換成簡單明瞭的言詞	只要這麼做	部屬會遵循公司的經營方針展開行動
Action 06	徹底活用電子郵件的副本功能	只要這麼做	部屬會開始報告詳細資訊
Action 07	訓練部屬思考「喜歡」或「討厭」	只要這麼做	部屬的「判斷能力」會加速提升
Action 08	細分工作	只要這麼做	部屬對工作會變得有責任感
Action 09	把部分工作放手給部屬處理	只要這麼做	部屬不會有「被人吩咐工作的感覺」
Action 10	將整體目標具體化為「每日執行事項」	只要這麼做	可排除基層作業和公司整體目標的落差
Action 11	藉由每週例會確認成效	只要這麼做	部屬不會再獨自抱著問題苦惱
Action 12	抓準部屬的成長時機	只要這麼做	部屬會更上一層樓
Action 13	別說「你先試試看再說」	只要這麼做	新進員工會抱持著「認同感」工作
Action 14	以「有趣的話題」做比喻	只要這麼做	部屬會開始崇拜你

Chapter 3

誇獎和責罵的方式

ACTION 01

誇獎和責罵的方式

「發自內心」誇獎部屬

「被人誇獎」是很重要的。

期望得到他人的認同，應該是人生存的基本欲望。

在商場上也是一樣。當然，每個人的工作理由會因人而異，但只要身爲組織的一員，想必都會「希望得到某人的認同」。

我以人事諮詢顧問的身分自立門戶時，因爲是成立個人事務所，所以不管是接到新案子或完成某個高難度的案子，都不會有人誇獎我。

理所當然地，也沒有人知道我當時在做什麼工作、手上有什麼案子。

有一天，我成功地接下一個大案子，在心中大喊：「太棒了！」同時環視四周，想把這份喜悅分享給其他人。然而，根本沒有同伴能夠分享我的喜悅。

當時我腦中閃過一個想法：「如果是在一般的公司，這時經理或課長一定會過來跟我說幾句話……」

這意味著在組織裡工作時，隨時會有人來幫助我們。雖然主管「有時很嚴格」，但基本上都會溫柔地守護著部屬。

原來這就是主管的職責所在啊。在那當下，我第一次體認到自己還是上班族時，主管的存在是「如此可靠」。

看見部屬有所成長或成功時，「發自內心認同並加以誇獎」是主管的首要職責。不需要表現得太刻意，只要說出「真心話」即可。

在你誇獎部屬的當下，部屬或許不會意識到，但也有可能像我一樣，事後才發現主管的可貴。

ACTION 02

誇獎和責罵的方式

誇獎時要讓部屬感受到「主管一直在關心我」

誇獎的方式，也是主管要特別注意的一點。

在我的客戶當中，有一位備受部屬愛戴的經理。這位經理為人和藹可親、個性開朗，部屬都十分仰慕他，覺得「只要被經理誇獎就會變得很有動力，面對下一個挑戰也會想要更加努力」。

乍看之下，這位經理和其他隨處可見的主管並沒有什麼不同，但他和員工之間的溝通量和其他主管卻有明顯的差距。只要人在公司，他多半都在和員工交談。

「每次遇到難題時，你都能提出適當的答案。你似乎很擅長查東西，而且事前準備也做得很好。」

「雖然開發工作很難掌握到進度狀況，但我發現你的報告裡還加入了新提案。你點子這麼豐富，眞讓人佩服。」

這位經理經常會說出這類的話。

不過仔細一聽，會發現這些話裡不只有「數字」和「結果」而已，還舉出了達到成果的過程或行動。

這就像在發出「我隨時在關心你」的訊息。

所以，部屬不會有「純粹是因爲我的表現變好，經理才會誇獎我」的想法。

這位經理曾經說過：「爲了好好管理所有部屬，我總是會觀察每一個人的行動。」主管的關心和觀察，正是組織得以正常運作的重要原因。

此外還有一點很重要，除了「代表結果的數字」之外，也要注意部屬的「日常行動」，並給予評價。

這麼一來，部屬才會產生更大的動力。

> 部屬的工作動力會大大提升。

ACTION

03

誇獎和責罵的方式

誇獎時不忘提及「數字」

「誇獎會讓部屬成長」、「放大優點，排除缺點」……最近的職場相關書籍常會出現這樣的字眼。

的確，人受到誇獎時會很高興，遭到責罵則會變得消沉。受到誇獎的人之所以會成長，除了情感上的因素之外，職場環境也有很大的影響。

尤其是主管的影響最大，所以適時地誇獎部屬非常重要。不過，如果主管沒有慎選話語，有時根本無法觸動到部屬的內心，而僅止於表面的誇獎而已。

「你做事很有效率，我很放心把工作交給你。」

「你的業績最近一直在成長，看來你很努力喔。」

雖說像這樣鼓勵部屬很重要，但想要成為「表現優異的主管」，必須採用更具體的誇獎方式。

各位不妨試著讓交談內容更深入一些，例如：

「你的判斷能力很強，所以做事很有效率。你完成的速度比大家快了**兩天**，我可以放心地把工作交給你。」

「你的業績最近一直在成長。比上個月成長一〇%的人只有你一個喔。」

像這樣**在交談之中提及原因或數字，會讓誇獎的內容變得客觀，部屬的接受度也會提高**。

這麼一來，部屬也就不會出現「只是為了奉承主管」，或「隨口附和」的行為。而且會覺得「主管很仔細在觀察我」，工作動力自然也會跟著提高。

反之，如果疏忽了這個部分，部屬即使被誇獎也不會有眞實感，有時還可能會造成反效果。

部屬會確實感受到自己獲得正面評價。

ACTION 04

誇獎和責罵的方式

先從誇獎外表開始

經常有人問我：「爲了讓部屬的工作表現有所成長，所以要『適時誇獎』，但對於『令人搖頭的部屬』，要誇獎他什麼才好呢？」

在我細問過後，發現有些部屬確實讓人覺得「就算想說些客套話，也找不到優點可說」，或「別說是誇獎，就算罵到狗血淋頭都還嫌不夠」。

然而，優點即是缺點。也就是說物極必反，當一個人有很明顯的缺點時，就表示他一定也有優點。只不過他的優點沒能很快地發揮在工作上罷了。主管不應該想著「找不到可誇獎之處」，而要「努力尋找可誇獎之處」。

不過，**千萬不可以敷衍了事，而要說出「鑽進部下心坎裡的話語」，這才是重點**。

爲了做到這點，得先掌握到部屬的狀態、舉止和興趣。如果是個注重外表的部屬，就先從外表著手。

「你的髮型每天都打理得很好呢。」

「你很有挑領帶的品味喔。」

「這個公事包很好看呢。」

請試著像這樣先從外表下手吧。我相信沒有人不喜歡被誇獎外表的。

如果從外表著手還是不行的話，就誇獎部屬的個性，像是「你很認眞」或「很體貼」等等，這也是一個好辦法。

不過，個性很難一眼就看出來，所以必須仔細觀察部屬的一言一行。

總而言之，就是要藉由誇獎，讓部屬知道「主管不是只會生氣或罵人」。

哪怕只有一次也好，讓部屬有自信是很重要的。

「令人搖頭的部屬」會開始有自信。

ACTION 05

誇獎和責罵的方式

「真心」誇獎部屬的表現

「我這麼積極地誇獎部屬，爲什麼得到的回應卻很冷淡？」

某公司的經理曾說過這樣的話。

「枉費我這麼努力誇獎他，想讓他更有幹勁！」

諸如此類的苦惱話語不斷地傳入我耳中。

後來，我剛好有機會和經理口中的這位部屬交談。

「經理是會誇獎我沒錯，但都只是嘴巴說說而已！」

「爲什麼你會這麼覺得呢？」聽我這麼一問，這位部屬開始訴起苦來，

「我有種被瞧不起的感覺！」

這個例子就是因爲傳達訊息時的狀況，以及傳達者、接收者的立場不同，

所導致的誤會。另一方面，這也說明了用語言傳達想法有多麼困難。**即使用語言將想法傳達出去，有時還是會因為當下的態度、狀況，而造成意思被曲解。**

這位經理確實表現出「努力誇獎」的態度，但目的很明顯就只是爲了讓部屬更有幹勁，而部屬也確實感受到明明「不是應該被誇獎的狀況」，主管卻硬是出言誇獎。

在這樣的狀況下，也難怪部屬會覺得主管「不過是嘴巴說說而已」。因此，誇獎時一定要「眞心」誇獎。

當人在傳達想法時，話裡的意思會因爲交談時的狀況、態度、舉止而產生很大的不同。

如果不是真的發自內心，就算有再高明的誇獎或責罵技巧，聽起來也只不過像打招呼一樣不痛不癢。

部屬會因為主管而採取行動。

誇獎和責罵的方式

ACTION 06

不忘說「謝謝」

當部屬如期完成你交代的工作，而且品質在水準之上時，記得說聲「謝謝」以表達感謝之意。不過讓人意外的是，沒有做到這一點的主管其實還挺多的。

「謝謝」所表達的是一種單純易懂的感謝心情，能夠直接觸碰到部屬的內心。

而且，把自己的部分業務委託給部屬時，如果抱持著「部屬是在幫我」的想法，也比較容易開口把工作交代給部屬。

另外，並不是只要說「謝謝」就好，還要帶到工作內容。在表達感謝之意後，再針對工作內容以自己的方式來誇獎部屬，例如「你的工作效率很好，幫了我一個大忙」，或是「這份文件內容水準很高，不管拿給誰看都不會丟公司的臉」等等。

這麼一來，「受到感謝」和「工作內容受到誇獎」雙管齊下的結果，部屬會變得更有幹勁。

只要像這樣以雙管齊下的方式來對待部屬，「人際關係上的紛爭」將會大幅減少。而且，部屬前來報告的速度也會變快。尤其是報告「壞消息」的速度。

壞消息通常很難說得出口，但越是壞消息往往就越重要。只要在平常確實建立良好的關係，部屬開口說出壞消息的困難度也會逐漸降低。

請務必提醒自己，在傳達感謝之意或表示誇獎的同時，也要顧慮到主管和部屬的這層人際關係。

ACTION 07

誇獎和責罵的方式

責罵前要先聽聽部屬怎麼說

工作上的事很難盡如人意，而且其中有不少狀況是因爲部屬犯下失誤所引起的。

如果部屬的能力再好一些，或許就能夠避免這次錯誤。如果部屬再機靈一些，或許就什麼問題也不會發生。

在這樣的狀況下，我們往往會情緒化地出言責怪或發脾氣。有些主管認爲只要狠狠地罵一頓，部屬就不會再犯錯。然而，這樣的想法並不正確。認爲被狠狠地罵一頓之後，「部屬自己會反省」，根本是一種錯覺。

部屬只會因爲主管的態度而變得畏縮，而不會了解主管原本想傳達的訊息，也不會明白「犯錯的原因」、「預防犯錯的方法」和「可以避免犯錯的行爲」。

部屬會下意識地產生「只要裝出在反省的樣子，主管就不會再大發雷霆」的想法。

久而久之，主管也會認爲「要罵得更兇、更狠一點」。不過，相信大家也知道，這麼做反而會帶來反效果。

首先，必須和犯錯的部屬「冷靜交談」。只要部屬理解自己犯了錯，就能感受到這次失誤的嚴重性。

接下來，必須和部屬相互確認是什麼狀況導致錯誤。此時的重點在於釐清部屬當時做了什麼動作、有什麼想法。

主管和部屬共同檢討犯錯的原因，並思考不再犯同樣錯誤的方法。這樣的過程反覆做過幾次之後，也能夠預防其他部屬犯錯。

部屬不會再犯相同的錯誤。

ACTION 08

誇獎和責罵的方式

等沒有人在場時再責罵部屬

責罵部屬時，必須考量到各個層面。

某些狀況下，在人前責罵部屬或許有其必要，但還是得因人而異，有些人會覺得「自尊受損」，甚至很多人會因此懷恨在心。

爲了避免這類的困擾，也爲了保護部屬的聲譽，請務必提醒自己，一定要等到沒有其他人在場的時候再責罵部屬。

之所以這麼做有幾個原因——

- **如果有其他人在場，不論是對責罵的一方或是被責罵的一方而言，都會形成壓力。**
- **如果其他員工在場，部屬會覺得顏面掃地。**

・主管和部屬之間的關係，可能會從「相互信賴」演變成「彼此敵對」。

責罵部屬最大的目的在於「避免犯下同樣的錯誤」。**相信部屬也不喜歡做會遭人責罵的事情。因此，主管一定要查明原因，究竟是「部屬的能力問題」、「情緒上的問題」還是「其他相關的問題」，並且視為今後的改善重點。**

如果忽略了原因，只是情緒化地責罵部屬，什麼問題也解決不了。

主管和部屬都要思考罵人和挨罵背後的原因。此外，把你的想法告訴部屬也很重要。如果只是一味地責罵，部屬的心可能會離你越來越遠。

除了透過責罵的方式讓部屬知錯能改，也務必告訴部屬你對於他接下來的表現寄予厚望。當部屬明白這點後，才會開始以不同的角度來解讀主管的話。

部屬會覺得「主管很重視我」。

ACTION

09

誇獎和責罵的方式

要讓部屬知道被責罵的原因

責罵的意義是什麼？讓部屬思考這點很重要。

「你知道自己爲什麼被罵嗎？」「你知道以後要怎麼做比較好嗎？」請各位記得要這樣詢問部屬。

若只是一味地責罵，會導致彼此針鋒相對，僵持不下。而且，有時主管明明是想「鼓勵部屬」，卻可能讓部屬覺得自己「被人否定」。

然而，如果連主管都放棄「責罵」部屬，將會親手扼殺部屬的成長機會。所以，當你覺得該好好責罵一頓，部屬才會成長的話，就請嚴厲地責罵吧。同時，也要確實讓部屬知道你責罵的原因。

如果部屬了解並認同眞正的原因，與主管之間的信賴關係將會慢慢改善。

分享我的一個親身經驗。有一次我自認是爲了部屬好而嚴厲地出言責罵，結果兩人之間起了衝突。當時我和部屬常常工作到很晚，所以完全不會有「不想被部屬討厭」的想法。我們態度認眞，直言不諱地討論著工作目標和達成目標的方法。

等到當時的企畫案結束後，那位部屬跑來跟我說：「上次因爲您直言不諱地跟我討論事情，讓我深刻感受到自己成長了許多。」

後來我離開了公司，但這位部屬偶爾想起我時還是會主動聯絡。等到之後我們眞的相約見面時，已經過了好幾年，但這位部屬對我說：「那天的對話就像昨天剛發生過一樣，讓我記憶深刻。」這番話讓身爲前主管的我深感幸福，也感受到前部屬的成長。

部屬待人處事的能力會大大提升。

ACTION 10

誇獎和責罵的方式

責罵後務必主動關心

各位應該經常嚴厲地責罵部屬吧？不過，如果只是一味地責罵，很可能會讓部屬產生「不好的情緒」。

此外，如果罵過之後就放手不管，就算你原本的用意是爲了讓部屬的想法或行動有所改善，也無法得知之後的結果。

爲了避免這種情形，應該主動關心後續發展，並了解部屬的表現是否有所改善。還有，一旦得知部屬有「一點點」改進，就要「大力誇獎」。

如果只是單純地「大力誇獎」，部屬會覺得你很「刻意」，所以誇獎的重點在於「更加具體」、「更加客觀」。要做到這兩點，就要確實觀察部屬改進了哪些地方。同時，也要明確地讓部屬知道哪些地方表現得不夠好、哪些地方已經有所改善。

舉例來說，要誇獎部屬的報告內容品質時，不要只是說「報告內容有進步」，而應該具體地說明：「這份報告在介紹的部分把開發動機寫得比以前更具體。因此，樣品的效用和帶來的銷售業績也很明確，同時也凸顯出和競爭商品之間的差異性。這份報告相當簡單易懂，甚至可以作爲以後的範本。」

如果只說「報告內容有進步」，根本無法傳達身為主管的想法。重點是要以真誠的態度面對問題點，並誇獎有所改進的地方。

誇獎時，要讓部屬明白你了解「他在背後所做的努力」，以及「過程的重要性」。另外，也要告訴部屬身爲主管的你內心的「喜悅」。讓部屬知道在他的努力之下，對你大有助益。

部屬的「工作品質」會有飛躍性的提升。

ACTION 11

誇獎和責罵的方式

小過失更應該嚴厲譴責

有些部屬平時常會犯些小過失。對於這些部屬，不能抱持著「這麼一點小過失就算了」的逃避心態，而要指出每一項過失，並要求部屬盡早反省。

對於一些小過失，大部分的主管都會認爲「不是什麼大問題」。不過，犯錯的部屬卻會在「不明白過失輕重」的狀況下，就這麼讓事情過去。這麼一來，事後想要修正就更難了。

小過失之中有時會隱藏著重大失誤。如果主管沒有察覺到這點，部屬就更不可能發現。因此，在執行日常工作時要非常謹慎。

發生嚴重過失時，千萬不要一味地指責。因爲部屬想必也知道自己犯下了嚴重的過失。

然而，如果是小過失，部屬自己往往不會察覺。這時，如果主管也認爲是「小事一樁」，這類的小失誤很快就會被遺忘。

舉例來說，你不應該只告訴部屬「這邊句子有點怪怪的」，而應該詳細地指出「這份報告的表達語氣有問題。依解讀方式不同，會讓人得出完全相反的結論。要改成明確一點的說法，才不會產生誤解」。必須做到如此詳細的說明，才算眞正地指出過失，並告知處理方法。

一旦部屬能夠主動發現小過失，改過能力就會變好。不僅如此，因爲部屬有能力主動發現小過失，工作範圍也會隨之拓寬，加快成爲專業人士的腳步。

部屬的改過能力會變好。

ACTION 12

誇獎和責罵的方式

要求部屬寫悔過書

當你在指責部屬的過失時，有時情感會勝過理智。碰到這種狀況時，一定要讓自己先停下來。過度情緒化地指責部屬，不會得到任何有建設性的結果。

責怪部屬時，要視對方是否知道自己被責怪的理由，而有不同的處理方法。

舉例來說，如果部屬是「找藉口推託」、「工作時摸魚」、「工作敷衍了事」之類的狀況，只要直接指出有問題的地方，然後針對問題點加以指責即可。在這種狀況下，部屬心裡應該有自覺，知道自己爲何會被責怪。至於要如何改進，相信部屬自己心裡也很清楚。

不過，若部屬根本無法理解自己被責怪的原因時，狀況就比較棘手了。

部屬或許會覺得自己很努力，完全不知道從主管的角度來看，只會覺得他的業績差、注意力不集中，根本無法專注於工作上。這種部屬就算挨了罵，也搞不清楚究竟是怎麼回事。

因此，首先要讓部屬清楚知道被責怪的原因。

至於該怎麼做，我的建議是要求部屬寫「悔過書」。將想法用文字寫出來，能夠讓原本模糊不清的問題點變得明確。

在將思考轉為視覺化的文字的過程中，能夠進一步地客觀看待「自己犯下的過失」。這麼一來，原本憑感情行事的部屬也會恢復冷靜。

部屬會開始分析自己的行為，並思考「我怎麼會做出這樣的事情……」

藉由「內心的另一個自己來發現問題點」，也能夠加強部屬的理解力和記憶力。

部屬會更深刻地理解問題點。

CHAPTER 3
「誇獎和責罵的方式」重點整理

Action 01	「發自內心」誇獎部屬	只要這麼做	部屬會以愉悅的心情工作
Action 02	誇獎時要讓部屬感受到「主管一直在關心我」	只要這麼做	部屬的工作動力會大大提升
Action 03	誇獎時不忘提及「數字」	只要這麼做	部屬會確實感受到自己獲得正面評價
Action 04	先從誇獎外表開始	只要這麼做	「令人搖頭的部屬」會開始有自信
Action 05	「真心」誇獎部屬的表現	只要這麼做	部屬會因為主管而採取行動
Action 06	不忘說「謝謝」	只要這麼做	部屬會馬上報告「壞消息」
Action 07	責罵前要先聽聽部屬怎麼說	只要這麼做	部屬不會再犯相同的錯誤
Action 08	等沒有人在場時再責罵部屬	只要這麼做	部屬會覺得「主管很重視我」
Action 09	要讓部屬知道被責罵的原因	只要這麼做	部屬待人處事的能力會大大提升
Action 10	責罵後務必主動關心	只要這麼做	部屬的「工作品質」會有飛躍性的提升
Action 11	小過失更應該嚴厲譴責	只要這麼做	部屬的改過能力會變好
Action 12	要求部屬寫悔過書	只要這麼做	部屬會更深刻地理解問題點

Chapter 4

開始和結束工作的方式

ACTION 01

開始和結束工作的方式

建立達成目標的路徑

主管的工作是「讓部屬的工作變得簡單」。主管必須建立具體的路徑，讓部屬能夠像爬樓梯一樣，一步一步確實做好工作。

然而，實際的工作狀況不可能如此理想化。由於主管必須在有限的時間內完成工作，所以在指示部屬時，有時會變成「只是把工作丟出去」。

而且，也會發生因爲主管錯估部屬的能力，導致設定過於容易或難度過高的目標。一旦發現這樣的狀況，就必須盡早修正。此外，一察覺到部屬所做的和你的期待有落差時，也要立即予以修正。

我的朋友在擔任主管時曾負責一個專案。他設定了過於複雜的目標給部屬，導致有一部分的工作品質超越要求，但其他部分卻未能達到原本期待的品質。

當時我這位朋友也是個校長兼工友型的主管，或許就因爲如此，而沒能花太多心思去關注部屬。也因此出了問題，導致嚴重的後果。最後，這位朋友和部屬兩人重新執行每個步驟，總算勉強趕在期限內完成。

如果我這位朋友能夠更確實地掌握部屬的能力和目標，相信就不需要如此倉促地趕工。

設定目標給部屬時，有一點很重要，就是主管必須清楚掌握部屬的能力，並且熟悉工作內容。

設定的工作目標會更符合部屬的能力。

ACTION

02

開始和結束工作的方式

設定每週、每月、每年的目標

交付工作給部屬時，你是不是只會說「這工作你處理一下」？如果是這樣的話，想必部屬會很困惑。

開始進行某項工作時，不要忘記把目標告訴部屬。在清楚知道期限、要求品質等工作目標的狀況下，部屬工作起來會容易許多。

只要從目標往回推算，即可安排出要優先處理、第二優先處理的事項，也能夠做好時間分配。如此一來，就能夠有計畫性地進行工作。

目標可分爲以下幾種：

- **專案目標**
- **週計畫目標**

- **月計畫目標**
- **季計畫目標**
- **年計畫目標**

設定好每一種目標，並根據目標和部屬相互確認進度狀況，可說是教育部屬的最佳機會。

對主管而言，這也是一個思考自我目標的機會。

一場沒有終點的馬拉松比賽，即便是再優秀的選手也跑不完。正因爲有終點，才有辦法跨出步伐。

設定目標就等於是在管理時程，同時也能夠確認工作的完成度。最大的好處是能夠具體地掌握到部屬「工作進行到什麼階段」。

部屬會知道自己「應該做什麼」。

ACTION 03

開始和結束工作的方式

和部屬一起設定期限

工作都會有期限，也可以說是工作完成的時間。這意味著「在某個時間點之前必須交出成品」。而期限管理自然是主管的職責。

主管應該和部屬互相討論後，再從期限回推時間來管理工作的優先順序。

不過，如果只是標出工作期限，有些部屬很容易會有「沒關係，時間還早」或是「明天再努力就好，今天就早點收工吧」的想法。

這麼一來，由於主管沒有做好細節管理，將導致部屬在執行工作前期拖拖拉拉的，等到後期因爲期限逼近才開始緊張起來，最後甚至拖累周遭同事才勉強在期限內完成工作。

這樣的狀況之所以會發生，問題就出在前期的期限管理。爲了避免發生這樣的狀況，應該設定好每天的期限。

例如，可以根據期限來設定全天或半天的工作內容，甚至也可以視狀況所需，以每小時爲單位來設定。不過，這些設定不是由主管親自去做，而是要交給部屬去做，主管只要加以檢視即可。

如果主管一開始就設定好一切，部屬會強烈地有種「被逼著工作的感覺」。此外還有更重要的一點，要藉此機會讓部屬思考工作流程和優先順序，自行設定每項工作的目標和期限。

只要這麼做，部屬就不會有被主管強逼著工作的感覺。這麼一來，部屬對工作會開始有自己的想法，也比較容易投入工作。

部屬會有計畫性地進行工作。

ACTION 04

重視過程勝於結果

開始和結束工作的方式

通常越接近經營層級的主管，往往只會看「結果」。而且，對公司整體來說也是如此。

不過，如果換成是部屬個人，狀況就不同了。部屬有自己必須負責的工作，而日常例行的公事想必也占了極大比例。

就算是例行公事，也理所當然會被要求成效。即使公司想看的只是結果，主管還是必須以提升部屬能力爲前提。

如果身爲員工的部屬能夠有所成長，並活用學會的技能完成高難度工作，這對公司、主管或部屬本人而言都是一件好事。

事實上，相較之下，重視過程更能夠大幅提升部屬的能力。主管應該把注

意力放在部屬達成結果的過程和方法上。

只要部屬能夠確實明白過程和方法，就會懂得執行工作的步驟和觀念。這麼一來，即使發生突發事件，在某種程度上也足以應對。久而久之，也會懂得如何應付緊急狀況。

然而，如果太過拘泥於結果，就會忽略了過程的重要性。雖說一般狀況下只要照章行事就不會有太大的問題，可一旦有突發事件，部屬很有可能無法獨自應付。

這麼一來，即便主管想要交付工作也無法放心，部屬也會一直被認定是個「無法獨當一面的人」。

爲了避免這樣的狀況發生，主管必須徹底「重視過程」。

部屬的能力將有明顯提升。

ACTION 05

開始和結束工作的方式

不要給太繁瑣的指示

我常聽到客戶抱怨「很多員工只會等人下指示」、「員工缺乏自主性」。不過事實上，大部分是因爲主管不斷地下達過於繁瑣的指示，才導致員工只懂得等待指示。

對於不熟悉工作的年輕員工，必須給予詳細的指示，但如果是成長到某種程度的部屬，這麼做則會產生反效果。除了會扼止部屬先思考再行動，也會剝奪他們自立的機會，讓他們變成安於等待指示的員工。

有一種方法能夠知道部屬現在處於什麼成長階段。

可以試著詢問部屬：「如果是你會怎麼做？」如果部屬能夠清楚說出他想要怎麼做，就表示他差不多已經到了可以自立的階段。

「我也不知道」、「我再想想看」——如果只得到類似這樣的消極答案，就表示部屬還沒到能夠自立的地步。

只要部屬說出了明確的意見，就要加以尊重，並讓部屬試著採取行動。一旦感受到「被主管認同」，部屬的動力就會一下子湧現，不再把工作看成是「主管命令要做的工作」，而會視爲「自己的工作」專心投入。

這樣一來，如果工作進行得順利，部屬會變得有自信；就算失敗了，只要主管伸出援手，並共同檢討失敗的原因，部屬的能力也會有所提升。如果沒有做到這一點，部屬就很難有所成長。此外，抓準時間點伸出援手，也是重要的關鍵。

在信任部屬的前提下把工作交代出去，相信部屬一定會回應你的期待。組織內的成員如果都能夠獨立行動，將擁有無法忽視的力量。只要管理得當，一加一不會只等於二，而會有五倍、甚至十倍的成效。

部屬不再只是「等待指示的員工」。

ACTION 06

開始和結束工作的方式

明確訂出「各自的工作範圍」

在開始工作前，必須像打棒球一樣明確地訂出守備範圍。身爲主管所負責的工作和部屬所負責的工作之間必須有明確的劃分。

如果主管和部屬的守備範圍沒有明確地劃分，兩者之間的界線就會經常發生問題。所以，一定要訂出「各自的工作範圍」。

通常第一次處理的專案，多半不清楚「什麼人該負責什麼工作」。

主管有主管的職責，也就是管理整個專案的進度，以及解決難題等等。

另一方面，部屬當然也有其職責，包括第一線的例行公事，以及推動、執行、管理自己所負責的工作等等。只要能夠清楚理解職責所在，自然會知道自己該負責什麼工作。

反之，如果沒有清楚理解職責所在，就無法連結到自己應該負責的工作，也就容易產生混亂。

舉例來說，如果你接下專案負責人的工作，就要先界定好工作範圍和進度管理。然後，把工作交給團隊成員去執行，你則負責進度管理。

不過，這並不代表你完全不幫忙。一旦發現有些成員的進度延遲，你就必須提供援助，有時也不妨留下來加班在第一線支援。

讓部屬看見你所做的職責分配，也是一種職場訓練，等到部屬自己成爲專案負責人時，就會知道自己「該做什麼」。

在專案結束之後，部屬可能還會向你表示謝意：「您那時的處理方式讓我學習到如何推展企畫案、人力配置，以及負責人如何提供支援的方法。」

部屬會更充分理解自己的職務。

ACTION 07

開始和結束工作的方式

在開始工作前先確認部屬的狀況

「部屬的狀況怎麼怪怪的？」「爲什麼部屬不肯聽指示行動？」你是不是有這樣的煩惱呢？

「他以前明明是個工作勤奮的人，到底發生什麼事了……」只要是當過主管的人，多少都有過一、兩次這樣的想法。

從公司的角度來看，會認爲這名員工「沒有工作意願」或「缺乏幹勁」。這樣的狀態若是一直持續下去，人事考核的分數就會很低，也可能影響到該部屬的未來升遷。

不過，事出必有因，而只有試圖加以隱瞞的部屬自己才知道原因。

此刻，部屬正透過某種形式發出危險訊號。而主管的重要職責就是確實接

收這個訊號。

分享某個食品廠的例子。這間公司為了拓展新業務，召集了多位部屬，當中有一名員工一直以來都表現得相當優秀。然而，實際展開專案工作後，這名員工卻始終心不在焉，完全感受不到對工作的投入。於是，專案負責人決定把這名員工找來談一談。「到底發生什麼事了？你的工作態度好像和過去大不相同……」而且，兩人的交談還延伸到了私人話題。原來這名員工是在煩惱子女的應考問題。因為應考問題，導致家人彼此意見分歧，而該員工也因此無心工作。

這個例子雖然是跟家庭問題有關，但有時原因是來自於職場。

所以一定要特別注意，尤其是在早上開始工作，或是展開新專案、分發到新單位等關鍵時刻，更是要確認部屬的狀況。

部屬能夠毫無顧忌地發揮實力。

ACTION 08

開始和結束工作的方式

不要任意調動部屬

足球、棒球、橄欖球等運動界知名教練所寫的書，經常被當成商業書籍來閱讀。這些書籍中會提到「讓團隊團結起來並達到成效」的觀念和方法，而這些內容可以作爲企業在團隊經營上的參考。

將個性較強的人集結起來，讓他們各自分擔職務，然後一邊提升自己的能力，一邊藉由團隊合作來達到成果——不論是運動界或商界，這都是被稱爲管理者的人的共同職責。

美國的管理學家切斯特．巴納德（Chester Barnard，一八八六～一九六一年）曾舉出組織有三大構成要素：

①共同目標

②合作意願（貢獻意願）

③溝通

而要讓這三大要素達到具體成果，有以下五種方式：

①命令系統一元化

②專業性業務集中化

③依業務分權化

④行使權限者亦須擔負責任

⑤依組織階級不同，發揮不同功能

如果總是興之所至或見機行事地調動部屬，個人的能力或團隊的力量就不可能有所成長。

從經營者到新進員工，每個人都必須擁有共同的目標意識，而各部門的主管也必須努力強化自己的團隊。這是每個蓬勃發展的企業都具備的共同點。

部門會擁有共同的目標意識。

ACTION 09

開始和結束工作的方式

將下達指示的方式區分為四種

對部屬發出指示時，必須先經過一番思考。不要一心只求結果，認爲只要告知工作內容，並要求部屬去執行就好。

部屬和主管之間也是一種人際關係，這樣的關係當中存在著情感。就算是一樣的工作，只要下達的指令讓人聽了心情愉悅，部屬就能提升動力，樂意參與工作。

一般而言，下達指示有下列四種方式：

- **命令——「去做這工作！」**
- **委託——「請做一下這工作。」**
- **提議——「你要不要試試看這工作？」**

・誘導——「試試看這工作吧。」

請在提升部屬動力的前提下，依狀況來區分使用這四種方式。同時，也別忘了考量「部屬的成長程度」、「目前其他工作的狀況」、「工作緊急程度」等要素。

如果在緊急的狀況下，下達「去做這工作」的指示通常不會有問題。不過，只要再加上一句「拜託你了」來表達委託之意，相信部屬參與工作的態度就會大大的不同。

原本主管應該自己負責的工作，卻命令部屬「去做這工作」，面對這樣的狀況，部屬會覺得「主管把自己的工作硬塞給我」而心生抗拒。這時，如果能轉換語氣對部屬說「請幫忙做這工作」，部屬的情緒就會緩和不少。

對於在工作上缺乏自信的部屬，不妨採用「你就試著做做看吧」或「抱著學習的態度試試看」這類提議或誘導的指示方式，通常會比較有效。

ACTION 10

開始和結束工作的方式

視狀況調整期限

工作中會遇到各種困難，尤其是「無法如期完成」的問題最常發生。面對不管怎麼挽救都無法如期完成的狀況，以主管身分把工作交代給部屬的你，該怎麼處理才好呢？

無法如期完成有很多種情形，問題可能出在接下工作的人身上，也可能是交代工作的人的問題。然而，不管是什麼原因，一旦發現無法達成目標時，應該如何應對呢？

答案是「果決的判斷」。既然知道無法在期限內達成目標，就要從各方面來思考解決方法，例如替代方案、重新設定目標，或是回頭檢視專案內容等等。要找出原因，才能夠防止相同的狀況再次發生。

對內，除了要向上級呈報事實，並提出接下來的解決方案，也要向部屬確認事實和現狀，同時說明之後的處理方式；對外，則要在公司做出整體判斷後再採取行動。就連正式的合約都有可能出現錯誤了，所以在面對錯誤時，不要獨自苦思解決方案，最重要的是冷靜處理。

此外，**最要不得的是明明問題已經浮出枱面，卻沒有及時處理。一旦錯失機會，不管對公司或客戶都會帶來不小的損失。**

如果身爲主管的你，出於個人判斷而緊抓著問題不放，別說會失去上級和部屬的信賴，恐怕也會影響未來的工作。

如果無法冷靜接受已經發生的事實，就無法繼續前進。就算結果是你所不樂見的，也必須面對事實。

部屬會懂得靈活處理問題。

ACTION 11

勇於接受不夠完美的結果

開始和結束工作的方式

「這個工作難度太高，我做不到」、「我覺得負擔太重了」——部屬是否曾經這樣向你報告過呢？

一項工作的難易度，有時要實際開始進行後，才會發現和想像中差距甚大。面對這種狀況時，主管決定採取什麼樣的對策就顯得非常重要。首先，主管必須針對整體做通盤考量，像是「客戶要求成果要達到什麼水準」、「訂單金額算起來是否符合成本」、「人事費用是否超出成本預算」等等。

除此之外，聽部屬報告該項工作的詳細內容和業務難易度也很重要。不過，對於部屬說的話也不能照單全收，什麼都相信。

主管必須加以驗證，並根據驗證的結果來調整目標，同時也要取得公司方面的理解。

就算工作完成時的結果不如當初設定的目標，但在反覆驗證後，若確認這已經是當下最好的結果，不妨就視情況來調整目標。當然，在做出這樣的判斷之前，與客戶商量、詢問意見和報告現況都是不可少的動作。

不過，如果驗證後發現可能會造成公司嚴重虧損，這時，除非是易貨交易或有什麼特別因素，否則還是要告訴自己「有些偏離當初的目標也是沒辦法的事」，並果決地做出判斷。

此外，也要把你的判斷告訴部屬。如果判斷結果是部屬能力不足，就應該讓部屬知道目前的狀況，並與部屬分享之後要如何對工作負責、應該抱持什麼樣的想法，以及當初是以什麼樣的心情做出判斷等等。

就算最後的結果和期待中的不同，但至少對部屬而言，能夠有這樣的機會體驗就是一件幸福的事了。而且，主管也要讓部屬認知到一點——要懂得把這次的珍貴經驗運用在往後的工作中。

部屬的經驗值會提升。

ACTION 12

開始和結束工作的方式

讓部屬意識到「重要性」的重要

工作有「緊急性」和「重要性」之分。舉個例子，以交貨期限是今天、營業額一萬日圓的案子，和交貨期限是半年後、營業額一千萬日圓的案子來做比較。

以整體來看，很快就能判斷出一千萬日圓的案子比較重要。不過，如果以部屬的角度來看，確實地完成一萬日圓的案子並交貨出去，才是最優先的工作。

對部屬而言，每天的例行公事非常重要。而且，相信有很多人覺得自己每天都過著被工作追著跑的生活。在這樣的狀況下，如果沒有讓部屬意識到工作的優先順序，就會變成只是一種工作循環，部屬也會習慣先處理「緊急性」較高的工作。

然而，**如果總是將注意力放在「緊急性」高的工作上，很容易會把「重要性」高的工作往後排。尤其是「重要性」高、「緊急性」低的工作，就會在日常工作中不小心被遺忘。**

在基層工作的部屬往往不會注意到這樣的問題。因此，主管不要只強調期限，也必須讓部屬意識到「重要性」的重要。

如果主管也總是只注意到緊急性高的工作，那就相當失職了。當基層的員工被期限追著跑而忙得焦頭爛額時，主管理所當然要伸出援手，但主管的工作並不只有這樣而已。主管真正的職責是要管理工作的各個面向。

換句話說，主管要以綜觀整體的角度來判斷部屬對工作應該有什麼樣的認知，並教育部屬抱持著這樣的認知工作。

如果沒有做到這點，就永遠只能在期限逼近時急忙處理「緊急性」高的工作，而漏失了真正重要的工作。

整個部門的人都會培養出處理大型專案的能力。

Chapter 4

「開始和結束工作的方式」重點整理

Action 01	建立達成目標的路徑	只要這麼做	設定的工作目標會更符合部屬的能力
Action 02	設定每週、每月、每年的目標	只要這麼做	部屬會知道自己「應該做什麼」
Action 03	和部屬一起設定期限	只要這麼做	部屬會有計畫性地進行工作
Action 04	重視過程勝於結果	只要這麼做	部屬的能力將有明顯提升
Action 05	不要給太繁瑣的指示	只要這麼做	部屬不再只是「等待指示的員工」
Action 06	明確訂出「各自的工作範圍」	只要這麼做	部屬會更充分理解自己的職務
Action 07	在開始工作前先確認部屬的狀況	只要這麼做	部屬能夠毫無顧忌地發揮實力
Action 08	不要任意調動部屬	只要這麼做	部門會擁有共同的目標意識
Action 09	將下達指示的方式區分為四種	只要這麼做	部屬會更心甘情願地投入工作
Action 10	視狀況調整期限	只要這麼做	部屬會懂得靈活處理問題
Action 11	勇於接受不夠完美的結果	只要這麼做	部屬的經驗值會提升
Action 12	讓部屬意識到「重要性」的重要	只要這麼做	整個部門的人都會培養出處理大型專案的能力

Chapter 5

向部屬學習

ACTION 01

向部屬學習

活用會說「No」的部屬

若是所有部屬都願意無條件地聽從指示，身爲主管想必會很開心吧。然而，就算眞是如此，也別自滿地以爲自己的領導能力在團隊中發揮了影響力。部屬有可能只是「迫不得已」才聽從指示，其實背地裡抱怨連連、十分不滿。

「不同意見」是促使組織或企業發展的原動力。透過自由地交換意見，能夠做出正確的選擇，進而帶來成效。

爲了應付如今瞬息萬變的時代，思考必須變得柔軟，並從各種角度獲取資訊。

過去被認爲是違反常識的事，有時也可能萌生出新點子，因此，「會說No的部屬」是非常難能可貴的。

在部屬說「No」的意見之中，可能藏著「某種重要訊息」。或許有些資訊主管沒有接收到，但部屬接收到了。

千萬不要把「會說No的部屬」當成是「麻煩的傢伙」，或認爲對方「只是比較有個性而已」，而應該充分活用這樣的部屬。雖然要做到這點並不容易，但只要做到了，就能夠確實提升部門的成效。

此外，主管有時會在不知不覺中施加壓力。或許主管自己並未察覺，但確實會讓部屬倍感壓力，有時甚至會在無意識之中疏遠部屬。

如果部屬察覺到主管的態度，會覺得「自己惹人厭」而變得更加疏遠，所以必須特別注意這點。

部門的整體戰力會大幅提升。

ACTION 02

向部屬學習

坦然接受新進員工的意見

帶領新進員工或轉換跑道、沒有業界相關經驗的菜鳥時，有時會覺得是一種負擔。

或許還會有「被人硬塞包袱」的感覺，但事實上，帶領新人並非全然只有壞處。

菜鳥就等於是尚未受到業界薰染、「持有新鮮想法」的人。

我們往往會難以控制地說出「你就是不懂行規才會說這種話」、「你這種說法在這個行業是行不通的」之類的話語，但這些在某種含義上算是「外行人的意見」之中，其實蘊藏著重要提示。

尤其是一些有特定習慣或規定嚴格的行業，往往並不知道這些習慣或規定的由來，而純粹是基於「以前就這麼做」的理由，所以毫無疑問地就這樣照著做。

而由於菜鳥尚未受到業界薰染，更能夠以客觀角度來看待事物。所以，未受到業界薰染的新進員工或菜鳥的意見十分珍貴。

聽說某公司有個新進員工曾針對該公司的舊有慣例提出意見：「這個價格設定太高了。我們公司有加盟協會，所以這個定價應該不對吧？」主管聽了之後，才發現「以前從來沒有想過這個問題」，後來還因此分析了「從加盟協會轉爲獨立營業的優缺點」，並向經營者提出建議。

像這種「讓人跌破眼鏡」的意見，從菜鳥口中說出來的機率很高。同時，菜鳥也會實際感受到「我的意見推展了業務」，因而開始產生自信，日後發表意見時也不會再猶豫不決。

新進員工會源源不絕地提出新點子。

ACTION 03

向部屬學習

認知到部屬的缺點即是自己的缺點

我經常聽到客戶抱怨：「我的部屬老是做不好工作……」或是「不管說多少遍，部屬還是不聽我的話……」

如果我當下詢問：「請問您的部屬是在哪方面做不好或不聽您的話呢？」大部分的主管都答不出來。絕大多數的人都只是憑感覺在說話。

這是因為很多主管雖然有「就是覺得部屬老是做不好工作」、「就是覺得部屬不聽我的話」的想法，卻沒能客觀地觀察部屬到底有什麼地方做不好。

事實上，在觀察「部屬的缺點」之後，會發現大多和「主管自身的缺點」很相似。不管主管表現好或表現不好的部分，部屬都會加以學習、模仿。

對於好的部分，主管很容易認定「部屬是在學習、模仿我」，但對於壞的部分，卻常常認定是「部屬的問題」。然而，這不過是在部屬身上看見主管自己的缺點罷了。

「不，那是不可能的……」或許有人會這麼反駁，但主管的影響力要比想像中更強大。

主管應該坦率地承認部屬的缺點，同時也要自我警惕。這麼一來，部屬的缺點自然會一個一個消除。

對主管而言，從部屬身上得知自己的缺點想必會深受打擊。不過更重要的是，可以正面看見自己在不知不覺中做出的不良示範，並克服問題。

部屬的缺點會得到改善。

ACTION 04

向部屬學習

不過高評價和自己相似的部屬

「公正評斷」之所以困難，是因爲「評斷者」和「被評斷者」都是擁有情感的人。也因此，很有可能會在無意識之中加入「喜歡」或「討厭」對方的情緒。

以一個業務技巧還不夠成熟、長時間加班的部屬爲例，由主管的角度來評斷他的表現。這名部屬每天努力工作還加班，工作表現也算是達到一般水準。

如果是一個會針對「不惜加班也要努力完成工作」的表現給予評價的主管，應該會給這位部屬打高分吧。如果是只看工作成果的主管，就會給平均分數。如果是重視成本的主管，想必就會因爲「支付加班費卻只達到平均水準的成果」而打低分。

就像這樣，評價會因爲判斷基準不同而有很大的差異。

如果視角不夠廣，就會變成是依主管的主觀意識來加以評斷。而且，**對於觀念、行動模式和自己相似的部屬，很容易就會給予高分**。主管會下意識地在部屬身上尋找和自己的共通點，並產生親近感。俗話說「物以類聚」，我從旁觀察各行各業，經常會發現某個公司旗下的員工多半是同一類型。

尤其是老闆親自面試時，這種傾向更是明顯。雖然多數的主管都是在沒有自覺的情況下錄取類型相似的員工，但其中也有人會刻意挑選與自己同一類型的員工。

身爲主管，一旦發現自己容易和同類的部屬產生親近感時，一定要特別注意。因爲你極可能會以較寬鬆的標準來看待該名部屬。「不要過高評價和自己相似的人」會讓你的團隊更具實力。

可以有效化解部門成員的不滿情緒。

ACTION 05

向部屬學習

不要立即回答部屬的問題

在商場上，並不像學生時代的考試一樣，只會有一個答案。在實際的工作場合中，摻雜了各式各樣的因素，所以很難得知「什麼才是最佳答案」。剛入社會的上班族在找不到答案時，往往會立刻提問：「這個案子的價格要設定多少呢？」或「這個問題的結論是什麼？」

然而，「表現優異的主管」總會刻意不馬上回答。一旦主管輕易就給了答案，部屬就會「放棄」自己思考。此外，主管也要思考部屬爲什麼會提出這樣的問題。

近來，越來越多人覺得思考很「麻煩」，總是希望很快就得到答案。

我們在學校接受教育的過程中，解答過各式各樣的問題，有過很多「答對」或「答錯」的經驗。這些經驗相信到現在都還保留著。

學生時期表現優異的人，「很懂得如何找到答案」。為了得到答案，他們會在網路上搜尋，然後找出適合的標準答案。然而，這個答案很顯然完全無法反映出本人的想法。

商場上很多事情都不會有答案，所以標準答案能夠套用在商場上的例子少之又少。可以說標準答案在商場上是行不通的。想要在商場上暢行無阻，就要看你的答案反映出多少內心的思考。

首先，必須讓部屬養成「主動思考」的習慣，並且讓部屬理解擁有自我意見的重要性。

部屬會養成「主動思考」的習慣。

ACTION 06

向部屬學習

向部屬表達感謝之意

對於客戶，我們經常會說出「感謝之語」。理所當然地，「表達感謝」在所有人際關係上都很重要。

當然，在公司內部也一樣。如果抱持著「反正是公司內部就不用了」的想法，而疏於表達感謝之意，將會導致嚴重的後果。

某公司有一名新進員工在進公司大約一個月後，早上上班時站在大樓門口對所有員工說：「早安。」然而，幾乎所有人都只是默默地走過去，沒有人回應。

早上遇到人時，記得要打招呼說「早安」喔！

這是我們小學幾年級時學到的禮儀呢？不管是誰，在幼稚園或小學低年級時想必都學過這項禮儀。然而，到了現在，堂堂一個大人卻做不到如此理所當然的事。

這代表我們的感官對於「和他人接觸」這件事變得不靈敏了。大家是否都還記得打招呼說聲「早安」呢？

主管之所以能夠把工作做好，有一方面是多虧有部屬的存在。首先，請大家試著思考一下「感謝之語」和「打招呼」的重要性。然後，別忘了要不時向部屬表達感謝之意。

請重新提醒自己，「要記得把理所當然該說的話掛在嘴邊」。**光是做到這點，組織內部就會有很大的改變。**

部屬會確實執行原本視為理所當然的事。

ACTION 07

向部屬學習

坦然接受部屬的專長

在很多場合裡，大家會針對「主管和部屬之間的代溝」來徵詢我的意見。當然，這個問題也可以用「年齡差距」或「時代變遷」來概括回答，但事實上，「彼此認同」才是最重要的關鍵。

某位主管曾經感嘆地跟我說：「有個部屬比我還懂電腦，總覺得在ＩＴ或ＰＣ方面會被他瞧不起。」很多人似乎都有這樣的感受，而且不知道該如何和這樣的部屬溝通。

面對這種狀況，如果主管產生「部屬有些方面比我強，乾脆弄垮他好了」的心態，那是最要不得的。因爲覺得「被部屬瞧不起」或認爲「部屬自以爲很了不起」（這些感覺說不定根本是主管自己想太多），而想要利用權力來打壓部屬，這樣的人就算不是主管，但只要有這種想法就已經很差勁了。

對於部屬，主管要抱持著讓部屬發揮專長的想法。主管之所以會產生自卑感，純粹是技能方面的問題，所以沒必要為此而找部屬麻煩。

遇到自己不懂的事時，不妨直接說「我不知道」，並向部屬請益。這時，如果能夠更深入地相互交流，過去心中的自卑感自然會消失。

就部屬而言，面對主管有求於自己的狀況，理應不會感到「不耐煩」。而且，甚至會有「自己這方面的能力受到重視」的被需求感。主管和部屬之間也會慢慢建立出互補關係，互相補足擅長和不擅長之處。

雖然主管和部屬之間存在著公司組織裡的上下關係，但說穿了，不過就是人與人之間的聯繫。依賴部屬，讓部屬補足自己不擅長之處，自然也就沒什麼不妥。

主管和部屬之間會建立雙贏關係。

ACTION 08

向部屬學習

有不懂的地方立即發問

工作上遇到不懂的地方時，不論對方是誰，都應該立即發問，徹底消除疑問後再行動。若聽了一次說明還是不懂，就要再次發問和確認，等到理解意思和目的之後再行動。

這就是一般稱之為「報・連・相」的三要素。「報・連・相」是所有工作的基礎，若是沒有做好，就必須立即改進。

進行新進員工的集體培訓時，必須反覆教導「報・連・相」的必要性，尤其是平常沒有做到這點的新進員工，更是要特別注意。要不厭其煩地反覆叮嚀，直到這樣的觀念深植部屬的腦海裡。

雖說職場上還有很多部屬必須做到的各種基本動作，但「報・連・相」可

說是基礎中的基礎。

所以，請務必親身實踐，為部屬做良好示範。

如果主管適度地對部屬做到「報．連．相」，部屬會漸漸感受到「主管會確實向我說明」、「主管會讓我知道結果」。

這麼一來，主管和部屬之間的溝通就會變得順暢，也能夠強化信賴關係。像這樣小小的貼心動作，正是建立信賴關係的關鍵。

不過，隨著組織規模越大，要和每一個人都建立這樣的關係也就變得越困難。面對這種狀況時，就要建立「架構化」的溝通管道，讓來自部屬和主管的資訊得以相互流通。

部屬會徹底做到「報．連．相」。

Chapter 5

「向部屬學習」重點整理

Action 01	活用會說「No」的部屬	只要這麼做	部門的整體戰力會大幅提升
Action 02	坦然接受新進員工的意見	只要這麼做	新進員工會源源不絕地提出新點子
Action 03	認知到部屬的缺點即是自己的缺點	只要這麼做	部屬的缺點會得到改善
Action 04	不過高評價和自己相似的部屬	只要這麼做	可以有效化解部門成員的不滿情緒
Action 05	不要立即回答部屬的問題	只要這麼做	部屬會養成「主動思考」的習慣
Action 06	向部屬表達感謝之意	只要這麼做	部屬會確實執行原本視為理所當然的事
Action 07	坦然接受部屬的專長	只要這麼做	主管和部屬之間會建立雙贏關係
Action 08	有不懂的地方立即發問	只要這麼做	部屬會徹底做到「報・連・相」

Chapter 6

部屬會隨著你而改變

ACTION
01
部屬會隨著你而改變
早上率先打招呼

「因爲工作太忙了……」如果主管總是像這樣以業務繁忙爲理由，而忽略了和部屬之間的交流，將來肯定會發生大問題。

因爲業務繁忙而疏於交流的最佳例子就是「打招呼」。而其中又以「一早的打招呼」最爲重要。

如果是在毫無生氣的狀態下展開新的一天，整個人就會變得精神渙散。尤其是主管如果一早就忙著檢視電子郵件，連部屬的打招呼也置若罔聞，漸漸地，部屬就會不好意思開口打招呼。這麼一來，部門裡的氣氛就會越來越沉重。

當你突然驚覺「部門最近好像死氣沉沉的」，就已經太遲了。等到那時，沉悶的氣氛早已瀰漫整個部門，部屬也會陷入「毫無生氣地上班」、「毫無生氣地工作」、「毫無生氣地下班」的狀態。

想要解決這個問題，身為主管的你，除了「早上率先打招呼」之外，沒有其他的方法。

一開始或許會覺得難爲情，也會有「爲什麼主管還要主動打招呼」的想法。尤其是主動大聲打招呼，部屬卻沒有立刻回應時，確實會令人沮喪。

不過，這時請忍耐一下，至少連續十天都要努力地主動大聲打招呼。一開始或許只會得到像蚊子叫一樣的小聲回應，但過了一星期後，應該就會得到比較像樣一點的回應，接著就會慢慢變成習慣。而等到養成習慣後，就代表成功了。

主管爲了將打招呼變成習慣所做的這些努力，會讓部門維持在「良好狀態」。

部門內的氣氛會變得開朗有活力。

ACTION 02

部屬會隨著你而改變

每天都要撥空「思考如何管理」

現在有很多主管把自己定位成校長兼工友型的主管。想要同時扮演好兩者的角色是一件苦差事。

不過，有一點必須好好思考。那就是基層員工和主管的差別，以及主管被賦予的工作是什麼。

能夠當上主管，就表示你是個工作能力好的人。更深入一點來說，就表示你是個「本身表現好的人」。想必就是因爲如此，你才會被選中擔任現在的職位。在過去，你自己的表現就代表了全部的成績，只要自己夠努力，成績就會提升，評價也會隨之變高。

可當上主管後就不是這麼一回事了。部屬的表現、對部屬的教育等要素都部屬會開始從整體部門的角度來思考。

會成爲對你的評價的基準。

既然當上了主管，伴隨而來的就是「管理」工作。如果沒有做好管理工作，就不能算是完全盡到職責。

你必須在有限的時間當中，分別思考身爲基層員工和主管的職責。也就是說，身爲一個主管，一定要確保自己擁有思考的時間。不論是早上、中午或晚上都無所謂，一天當中至少要挪出一段時間來「思考如何管理」。

身爲基層員工的職責，只要憑靠一路走來的經驗就知道該怎麼做。比較令人頭痛的是身爲主管的職責。如果沒有思考主管應該負起什麼職責，一古腦兒地投入工作之中，「內心就會搖擺不定」。主管要在考量到整體部門的前提之下，讓自己的言行舉止能夠對部門有所反饋。

ACTION 03

部屬會隨著你而改變

將自己的意見說出口

長久以來，日本社會一直把「不用多說，對方也能理解」的「默契」視爲一種「美德」。

然而，現在的商場根本顧不了什麼美德。

在現今的商場上，最重要的是「確實溝通」。

爲了做到「確實溝通」，將給部屬的意見、指示、命令和招呼等等「化爲語言」是不可或缺的。

在溝通的過程中，也經常會發生因爲傳達者和接收者的想法有落差，而產生誤解的狀況。問題可能是出在聽錯、看錯、漏看，或自己想太多等等，導致最後採取錯誤的行動。

因此有一點很重要，就是主管要把指示、命令化為語言，或是利用電子郵件等方式寫出來，避免產生誤解。

如果發現部屬還是無法理解，就必須反覆說明。與其讓部屬在一知半解的情況下採取錯誤的行動，不如在最初的階段就再三確認，工作才會更有效率。

而且，光是化爲語言還不夠。請記得最初的目的是要知道對於主管的指示和命令，部屬是否採取了「負責任的行動」。所以，別忘了要持續向部屬傳達「我隨時都在關心你」的訊息。具體來說，就是要確認發出指示或命令之後的進度，並在部屬遇到瓶頸時給予支援。如果主管抱持著「我已經下達了指示和命令，接下來就全交給你了」的態度，把工作丟出去就置之不理的話，部屬將會變得徬徨失措。

除此之外，部屬隨時都會觀察主管的言語、舉止和行動。他們的觀察遠遠超乎主管的想像。所以，把自己的意見化爲語言，同時在態度和行動上也不相違背，這點非常重要。

部屬會採取負責任的行動。

ACTION 04

在現有環境下做到最好

部屬會隨著你而改變

部屬無法選擇主管，這是在公司組織工作的宿命。我曾經在各種場合裡聽過很多基層員工表示自己「沒遇到好的主管」。然而，主管也會說類似的話，像是「沒有優秀的部屬」之類。

我只能說，這就像是彼此在「鬧小孩子脾氣」。

而且，很多例子顯示，出現這種怨言的組織往往發展得不順利。原因就在於主管和部屬之間溝通不良。因此，首要之務就是增加主管和部屬之間的交流。而主管如果想要改善這種情形，就必須改變自我認知。

也就是說，主管必須一一改變對部屬的想法和對待部屬的方式。

人總是想要改變他人。爲了改變他人，就會試圖強化規定來加以設限。或許你會覺得自己成功讓部屬服從、採取行動，但事實上，部屬眞正的心聲卻是「我是迫不得已才這麼做」。

想要讓部屬打從心底「爲公司」、「爲主管」著想，就必須讓部屬自己改變想法。

同樣的道理也適用在主管身上。主管之所以會鬧小孩子脾氣，只不過是一種抱怨的行爲，想要透過某種規範來約束部屬，好讓部屬如你所願地採取行動。但在這種情形下，部屬所做的根本不是出於自發性的行爲。

爲了避免發生這種狀況，必須先徹底思考「該怎麼做才能讓部屬工作起來更流暢」，並由主管主動去改善。

組織會越來越活絡。

ACTION

05

部屬會隨著你而改變

即使是「令人搖頭的部屬」也不能放棄

培育部屬很困難，如果沒有抱持著熱情、執著和信念，部屬是不會成長的。而且，要讓組織有所成長，就必須先培育人才。

因此，就算是「令人搖頭的部屬」，也要積極地提供必要的技巧和知識。

主管或領導者要階段性地把自己的技巧和知識全部傳授給部屬。要想帶領部屬，就不能吝於付出。

某公司有個員工，不論到哪個部門都「派不上用場」。最後，這個沒有人帶領的「令人搖頭的部屬」，由全公司業務能力最好的課長負責帶領。聽說這位課長一開始吃了很多苦，但仍不放棄地從基礎開始，把訣竅和業務知識傳授給這名部屬，毫無保留地全力支援他。後來，這名部屬在三個月後交出了逼近最佳業績的亮眼成績。

一旦部屬有所成長，主管就可以把自己的工作切割出來，交代給部屬。而且，不是只有交代工作而已，同時也要轉移責任。

如果不轉移責任，部屬永遠都會想要依賴主管或領導者。很少有部屬一開始就能夠把工作做得很好，就算失敗了，主管也不能疏於關心，而要持續地給予支援，讓部屬能夠繼續前進。然後隨著部屬的成長，再慢慢地減少支援，加速部屬獨立的腳步。

年輕人特別喜歡追求容易走的路，被「快速上手的方法」、「立即見效的事物」給吸引。主管必須告訴他們「一步一步累積的重要性」，並持續地給予支援，直到他們能夠以自己的方式和想法來獨立作業爲止。

部屬對工作會更有自己的想法。

ACTION 06

部屬會隨著你而改變

製造「這個工作只有我做得來」的假象

在公司組織裡，主管和部屬之間多半是以上下關係來相處。很多主管會因爲「部屬不肯乖乖聽話」來向我諮詢。在諮詢的過程中，我得到一個結論，那就是不能因爲是主管，就認爲工作命令是「絕對」的。事實上，接到命令的部屬並不認爲工作命令是「絕對」的。

部屬經常會說：「主管下達了命令，卻沒有說明原因。」或是說：「主管只會拿權力來壓我們，讓人很難接受。」的確，如果只聽到一句「照我的話去做」，內心當然會產生「爲什麼」的疑問。而比起這點，主管的想法有更大的問題。

如果只是把上級下達的命令傳達給部屬，那不叫「工作」。主管必須讓部屬知道「爲什麼會這樣」、「爲什麼要這麼做」、「會得到什麼樣的結果」。除此之外，主管還要將下達的命令視爲分內事，在整理過後，以部屬能夠理解的「基層作業方式」來下達命令。

爲了做到這點，**最好的方法是幫自己製造一種假象，認為「這個工作只有我做得來」。這麼一來，這個工作就會「成為你自己的工作」**。

只要像這樣提升工作意識，那麼你給部屬的工作命令也會變得更加具體、有魄力。不僅如此，部屬的接受度也會提高。而這都是因爲你的命令或指示變得具體了。這麼一來，也能夠省去多餘的動作，讓工作變得更有效率。

「上級交代的工作只有我做得到」——只要抱持著這股氣魄，就會慢慢感染給部屬。

最後，對於整體部門的業績也會帶來正面影響。

部屬執行工作的行動會變得「精簡」。

ACTION 07

部屬會隨著你而改變

扮演好「自己負責的部分」

無論是個人或團隊的成功，都不是輕易就可以做到的。這些都是在每天不起眼的工作和例行公事之中慢慢累積而成。一項偉大的成果或成就，可以說是每天在無形中執行這些工作的延續。主管的工作就是要牢牢記住這點，然後引導部屬。

要讓部屬知道，亮眼的成績和成果都是這些日常工作所累積而成的。

此外，也要讓部屬知道「在組織裡工作的箇中趣味」。如果不能讓部屬理解這點，就不算做到真正的員工教育。

集結每個人的力量，能夠發揮超越一己之力的強大力量。這就是和他人組成團隊來參與工作的箇中趣味。

在認知到自己職責的情況下，扮演好屬於自己的部分，就能在與他人合作之下發揮更強大的力量。主管要讓部屬明白這一點，並實際去體驗。所謂的工作，幾乎不可能只憑一己之力就完成，而要與他人同心協力才能一步步達成。所以，在工作時也必須顧慮到「如何與他人建立關係」，還要「爲他人著想」。

主管應該讓部屬知道「爲什麼要爲他人著想」。這麼做不全是出於道德考量，而是爲了讓部屬了解「認同他人的能力並組成團隊」的意義。

方法或技巧永遠只是一種工具。如果沒有確實傳達其中的意義，讓部屬「用心去感受」，就會變成只是在「紙上談兵」。

ACTION

08

部屬會隨著你而改變

增加小小的成功體驗

設定目標，然後努力達成──這可以說是基本中的基本。然而，當目標過高時，偶爾會迷失而看不見目標。

此外，部屬在犯下重大失誤之後，也會一時無法如往常般重新振作。可能會因此失去自信心，或擔心自己走錯方向，陷入摸不清方向的窘境，甚至產生不必要的不安或恐懼感。這麼一來，犯下失誤的部屬就會迷失自我。

遇到這種狀況時，不妨幫部屬準備小小的成功體驗。

以年度目標來看，可以把一年細分成以月為單位，再把一個月細分成以天為單位，然後擬定詳細的工作計畫。

舉例來說，假設全年的目標營業額是一千萬日圓。那麼每個月營業額是多少呢？除以十二個月，大約是八十五萬日圓。四捨五入之後，通常會設定每個月九十萬日圓的營業額。爲了達到一個月九十萬日圓的營業額，平均一天大約要三萬日圓。細算到這裡後，只要思考如何做到一天三萬日圓營業額的方法即可。達成了每天的目標，就能夠達成一年後的大目標。

當我們聽到一年一千萬日圓的目標時，會覺得是很遙遠的數字。不過，如果換成是一天三萬日圓，就會覺得這個數字親切多了，也比較容易採取具體的行動。

不過，應該還是有部屬會這麼想：話雖這麼說，但要達成每天的目標其實也很困難。遇到這種狀況時，不妨採取其他方法，像是提高每日的目標營業額，讓部屬有更多時間做調整，或是多增加一些商品種類等等。

爲了達成目標，就要思考各種策略，而在思考策略的這段時間裡，相信也會有新的點子出現。

部屬會一點一滴地累積自信。

ACTION 09

部屬會隨著你而改變

千萬別說「拿出你的幹勁來」

主管的重要任務是培育部屬、提供適當建議，並且有效率地控管工作，進而帶來成效。

身為主管的你，是不是目光過於短淺地看待這項任務，然後一邊說：「總之就是要拿出你的幹勁來！」一邊激勵部屬呢？我在演講或與客戶開會的場合裡丟出這個問題時，多數的經營者和主管都會陷入沉默。

「拿出你的幹勁來！」說出這句話時，或許主管會自覺以管理者的身分在工作，但這不過是自我滿足罷了。

如果真的想讓部屬拿出幹勁，就應該聆聽部屬們的這些心聲：

・想要做有趣一點的工作。

部屬會打從心裡萌生「對工作的興趣」。

・想要拿更多的薪水。
・想要有升遷機會。
・想要在公司內部得到認同。

爲了滿足部屬的這些願望，就必須費一些心思，像是「讓部屬在工作中找到樂趣」、「打造一個可以依工作成果提高待遇的工作環境」、「提供升遷機會」或「傳授達成目標的方法」等等。

「拿出你的幹勁來！」這種話絕對無法提升部屬的動力，有時甚至會被部屬視爲是帶有威脅意味的話語。

建立一個能夠讓部屬對工作產生興趣的環境，對主管來說是很重要的職責。就算再怎麼麻煩，還是必須去做。身爲主管，如果只知道發號施令，將無法讓部屬由衷地採取行動。

ACTION 10

部屬會隨著你而改變

再怎麼勉強也要掛起笑容

「不想上班」、「今天要做我最不擅長的簡報」、「不知道爲什麼就是不想去公司」——你是不是偶爾也有這樣的想法？

但是，面對部屬卻得說：「要開心地工作！」你是不是也是如此呢？如果主管心不甘、情不願地工作，在底下工作的部屬當然也不可能做得開心。所以，再怎麼勉強也要掛起笑容。

根據某一年RIKUNABI人力銀行所做的「離職原因眞心話排行榜」調查，第一名是「不喜歡主管・經營者的工作方式」。

這項調查還收集到不少意見，像是「老是被心情起伏不定的主管耍得團團轉，加上公司裡的人際關係搞得我工作時心情很差，所以決定離職」、「每次一發生問題，主管只會說：『你在搞什麼東西！』然後罵個不停」、「連支援部屬都做不到的主管，想要尊敬他都難。再這樣下去，只會被迫做很多工作而已，所以遞出了辭呈」等等。

順道一提，「離職原因表面話排行榜」的第一名是「想要增加自己的閱歷」。這項調查結果正說明了部屬將表面話和眞心話區分得很清楚。

從調查結果中也可以清楚得知一點——**對部屬的工作而言，主管是非常重要的存在。而且，影響力非常之大**。

身爲主管的人，一定要有這樣的認知。如果主管能夠開心地工作，對部屬也是一種幫助。即使在痛苦的時候，不妨也讓自己笑著度過吧。

雖然難免會有情緒起伏的時候，但如果老是皺著眉頭是不行的！打造一個讓部屬樂於工作的環境，對工作成效將會有直接的影響。

部屬不會再躲著你。

ACTION 11

向部屬訴說自己的夢想

部屬會隨著你而改變

即使是工作，也必須要有「夢想」。而且，我認爲懷抱「夢想」能夠讓人心情愉快。

在我們有限的人生中，花了相當多的時間在工作上。因此，對於工作時間的定義，將會大大地影響我們對於人生的態度。

如果部屬認爲工作只是「賺取金錢的手段」，想必會覺得工作時間很無趣。對於這種部屬，「表現優異的主管」會讓部屬知道「這樣只是在浪費工作時間罷了」，並全力給予支持來幫助部屬改善。

這是因爲「表現優異的主管」知道，如果對工作懷抱「夢想」，自然會「精神大振」，成果也會伴隨而來。

看見部屬在煩惱時，「表現優異的主管」會詢問：「對你而言，工作究竟是什麼？」透過這個問題來理解對方的工作觀。

就和部屬一起暢談夢想吧。這麼做，能夠知道部屬個人抱持什麼樣的工作觀和人生觀。

此外，當你爲了公司的方向性而煩惱時，不妨關注一下「部屬期待在公司裡有什麼樣的發展」。部屬的未來願景就藏在這個答案裡。而主管的責任，就是讓公司成爲能夠回應部屬期待的一間公司。

主管和部屬能夠共享夢想的團隊，會慢慢成爲實力堅強的組織。這是因爲大家朝著一致的方向前進。

而且，在這樣的職場環境裡，任誰都會「精神大振」。每個成員會互相訴說「夢想」的職場，將是一個「快樂職場」。

部屬工作時的心情會變得愉悅。

ACTION 12

讓部屬知道你的使命

部屬會隨著你而改變

一位知名的諮詢顧問曾經說過：

「人從呱呱墜地的那一刻開始就被賦予了使命。這項使命是天職，也是天命。」

也就是說，人在一出生時就被決定了使命，而完成這項使命就是你的天職、天命。

「請問你實現天職或天命了嗎？」如果有人這樣問，想必你會覺得很困惑吧。老實說，我也不知道該怎麼回答。不過，如果對方是問：「你現在工作開心嗎？」「工作上有讓你精神大振的事嗎？」我的答案肯定是「Yes」。

大學畢業後，我曾經從事金融工作十多年。在這個工作崗位上，不知道聽過多少次做生意的「命脈」就是金錢的道理，次數之多，讓我不想學會都難。不管是好是壞，我都體會到了金錢的力量。對我而言，持續做了十年以上的金融工作並非是天職。雖然工作本身讓我學習良多，但總覺得少了些什麼。

在那之後，經過一番曲折，最後我從事目前人事諮詢顧問、社會保險勞務士的工作。現在的我每天都有新發現。雖然工作帶來很大的壓力，但相對地，也有不少事讓我精神大振。而且最重要的是，包括客戶在內，被人「感謝」讓我覺得十分開心。

身爲領導者的你，如果很喜歡現在的工作，就表示那一定是你的使命。請把這份心情也傳達給部屬知道。部屬或許會有迷失的時候，但他們也很努力地在工作著。

在你把自己的使命傳達給部屬知道的同時，部屬會真正地發現工作的重要之處。

部屬會正向地面對工作。

ACTION 13

重視「出乎意料的提案」

部屬會隨著你而改變

成長的企業和衰退的企業之間的差異點，在於是否具備可靈活應付各種變化的能力。經濟不景氣下還能夠持續成長的企業，總是搶在環境變化前採取一連串的新動作；而不斷衰退的企業，則多半是沿用過去熟悉的做法，不願意改變。

這樣的現象不僅反映在經營方針和策略上，日常管理也是如此。雖然同樣是以「提供客戶滿意的服務以賺取利潤」爲目標，但只要環境有所變化，所需的人才和能力自然也會有所不同。而培育部屬的方式、指示方法也必須一一做調整。

害怕改變的保守型企業，只會更嚴格地加以管控，試圖熬過困境。因爲無法靈活調整公司制度和管理體制，所以一些瑣碎小事就會不時地在公司內部演變成大問題。

長久下來，大家會變得無法依規矩行事，而是憑感情來做判斷，就連人事考核也無法確實執行。企業也就這樣漸漸萎縮。

一個過度管理、員工和部屬都放棄思考的組織是十分危險的。主管要對現狀有所自覺，並將之修正到可以帶來成效的方向。

否則，一旦扼殺了部屬提出的改革想法，結果反倒變成了是主管在妨礙公司的發展。

就算是「出乎意料的提案」，也要積極吸取部屬的意見。除此之外，「擁有改變自我的勇氣」也很重要。要記住，改革都是從小小的嫩芽開始成長茁壯的。

部屬會積極地發言。

Chapter 6
「部屬會隨著你而改變」重點整理

Action 01	早上率先打招呼	只要這麼做	部門內的氣氛會變得開朗有活力
Action 02	每天都要撥空「思考如何管理」	只要這麼做	部屬會開始從整體部門的角度來思考
Action 03	將自己的意見說出口	只要這麼做	部屬會採取負責任的行動
Action 04	在現有環境下做到最好	只要這麼做	組織會越來越活絡
Action 05	即使是「令人搖頭的部屬」也不能放棄	只要這麼做	部屬對工作會更有自己的想法
Action 06	製造「這個工作只有我做得來」的假象	只要這麼做	部屬執行工作的行動會變得「精簡」
Action 07	扮演好「自己負責的部分」	只要這麼做	部屬會發揮超出實力的潛能
Action 08	增加小小的成功體驗	只要這麼做	部屬會一點一滴地累積自信
Action 09	千萬別說「拿出你的幹勁來」	只要這麼做	部屬會打從心裡萌生「對工作的興趣」
Action 10	再怎麼勉強也要掛起笑容	只要這麼做	部屬不會再躲著你
Action 11	向部屬訴說自己的夢想	只要這麼做	部屬工作時的心情會變得愉悅
Action 12	讓部屬知道你的使命	只要這麼做	部屬會正向地面對工作
Action 13	重視「出乎意料的提案」	只要這麼做	部屬會積極地發言

【結語】

解決部屬帶來的煩惱

我經常聽到有人說「無法跟部屬有良好的溝通」，客戶也經常針對他們公司內部的溝通問題來找我諮詢。

儘管公共建設有飛躍性的進步，但不論是哪個時代，我們在傳達想法時還是會遇到同樣的煩惱。而部屬所帶來的煩惱，相信未來也不會消失……

本書整理了主管面對這些煩惱時應該採取的「具體行動」。之所以會有這樣的想法，是因爲透過客戶的反饋，我發現比起傳達「觀念」，不如針對「具體行動」提出建議會比較好。

期望各位在參考本書內容之後，對於基層的工作能夠有所幫助。如果因此而能解決大家的煩惱，更是我的莫大榮幸。非常感謝大家閱讀本書到最後。

最後，由衷感謝日本KK Bestsellers出版社的武江浩企先生，讓這本書有機會出版，與大家見面。

二〇一二年五月吉日　內海正人

國家圖書館出版品預行編目資料

這些事你沒有教，別指望部屬自己會懂／內海正人著；林冠汾譯. -- 初版 .-- 臺北市：春光出版：家庭傳媒城邦分公司發行, 2014（民103）
面； 公分. --（心理勵志；101）

ISBN 978-986-5922-41-2（平裝）

1. 企業領導 2. 組織管理

494.2 103003556

這些事你沒有教，別指望部屬自己會懂

原書書名／"結果を出している"上司が、密かにやっていること
作　　者／內海正人
譯　　者／林冠汾
企劃選書人／黃慧文
責任編輯／黃慧文

行銷企劃／周丹蘋
業務企劃／虞子嫺
行銷業務經理／李振東
總　編　輯／楊秀真
發　行　人／何飛鵬
法律顧問／台英國際商務法律事務所　羅明通律師
出　　版／春光出版
台北市104中山區民生東路二段 141 號 8 樓
電話：(02) 2500-7008　傳真：(02) 2502-7676
部落格：http://stareast.pixnet.net/blog
E-mail：stareast_service@cite.com.tw
發　　行／英屬蓋曼群島商家庭傳媒股份有限公司城邦分公司
台北市中山區民生東路二段 141 號 11 樓
書虫客服服務專線：(02) 2500-7718 / (02) 2500-7719
24小時傳真服務：(02) 2500-1990 / (02) 2500-1991
讀者服務信箱E-mail: service@readingclub.com.tw
服務時間：週一至週五上午9:30～12:00，下午13:30～17:00
劃撥帳號：19863813　戶名：書虫股份有限公司
城邦讀書花園網址：www.cite.com.tw
香港發行所／城邦（香港）出版集團有限公司
香港灣仔駱克道 193 號東超商業中心 1 樓
電話：(852) 2508-6231　傳眞：(852) 2578-9337
E-mail : hkcite@biznetvigator.com
馬新發行所／城邦（馬新）出版集團【Cite (M) Sdn Bhd】
41, Jalan Radin Anum, Bandar Baru Sri Petaling,
S57000 Kuala Lumpur, Malaysia.
Tel: (603) 90578822　Fax:(603) 90576622
email:cite@cite.com.my

封面設計／斐類設計
內頁排版／浩瀚電腦排版股份有限公司
印　　刷／高典印刷有限公司

■ 2014 年（民 103）3 月 27 日初版
Printed in Taiwan
城邦讀書花園
www.cite.com.tw

售價／250元

ISBN 978-986-5922-41-2

104台北市民生東路二段141號11樓
英屬蓋曼群島商家庭傳媒股份有限公司
城邦分公司

請沿虛線對折，謝謝！

遇見春光．生命從此神采飛揚

春光出版

書號：OK0101　　書名：這些事你沒有教，別指望部屬自己會懂

請於此處用膠水黏貼

讀者回函卡

謝謝您購買我們出版的書籍！請費心填寫此回函卡，我們將不定期寄上城邦集團最新的出版訊息。

姓名：______________________

性別：□男 □女

生日：西元__________年__________月__________日

地址：______________________

聯絡電話：__________ 傳真：__________

E-mail：______________________

職業：□1.學生 □2.軍公教 □3.服務 □4.金融 □5.製造 □6.資訊

□7.傳播 □8.自由業 □9.農漁牧 □10.家管 □11.退休

□12.其他 ______________________

您從何種方式得知本書消息？

□1.書店 □2.網路 □3.報紙 □4.雜誌 □5.廣播 □6.電視

□7.親友推薦 □8.其他 ______________________

您通常以何種方式購書？

□1.書店 □2.網路 □3.傳真訂購 □4.郵局劃撥 □5.其他 __________

您喜歡閱讀哪些類別的書籍？

□1.財經商業 □2.自然科學 □3.歷史 □4.法律 □5.文學

□6.休閒旅遊 □7.小說 □8.人物傳記 □9.生活、勵志

□10.其他 ______________________

請於此處用膠水黏貼